安洋 / 编著

新娘妆容造型设计

208例

人民邮电出版社

北京

图书在版编目（CIP）数据

新娘妆容造型设计208例 / 安洋编著. -- 北京：人
民邮电出版社，2021.5
ISBN 978-7-115-55887-9

Ⅰ.①新… Ⅱ.①安… Ⅲ.①女性－结婚－化妆－造
型设计－教材 Ⅳ.①TS974.12

中国版本图书馆CIP数据核字(2021)第055895号

内 容 提 要

这是一本新娘化妆造型实例教程。本书汇集了 10 个新娘妆容案例和 198 个新娘造型案例，涉及多种当下流行的妆容与造型风格。每个案例都详细分解了操作步骤，将图片展示与文字描述相结合，并针对重点知识进行提示。通过阅读本书，读者不仅可以学会操作方法，还能在美学方面得到提升。

本书适合新娘化妆造型师阅读，也可以供相关培训机构作为教材使用。

◆ 编　著　安　洋
　　责任编辑　赵　迟
　　责任印制　马振武

◆ 人民邮电出版社出版发行　　北京市丰台区成寿寺路 11 号
　　邮编　100164　电子邮件　315@ptpress.com.cn
　　网址　https://www.ptpress.com.cn
　　北京印匠彩色印刷有限公司印刷

◆ 开本：787×1092　1/16
　　印张：27
　　字数：667 千字　　　　　　　　　　　2021 年 5 月第 1 版
　　印数：1 – 2 500 册　　　　　　　2021 年 5 月北京第 1 次印刷

定价：189.00 元

读者服务热线：(010)81055410　印装质量热线：(010)81055316
反盗版热线：(010)81055315
广告经营许可证：京东市监广登字 20170147 号

前言

　　这本汇集了新娘风格妆容和造型的实战型案例书终于要和大家见面了。本书精选了10种新娘妆容，带领大家了解新娘妆容的风格走向。我们在妆容风格的问题上总会被各种各样的名称所误导，不同的妆容风格，其本质是妆容色彩、线条走向、重点刻画部位和立体程度等方面的区别。举例来说，如果一款妆容整体用色清淡，黑色元素运用较少，这款妆容便是偏向甜美自然的风格；而如果一款妆容用色偏深邃，重点突出，这款妆容便是偏向复古妩媚风格的。本书中的10款妆容从不同角度出发，以实际应用的思路为大家解析新娘妆容的风格走向。

　　新娘造型相对于妆容来说在技术上难度会更大，因为新娘的发量、头发长短、喜好等各不相同，不确定的因素相对于妆容来说会更多一些。作为新娘化妆造型师不能只掌握少量的几个造型，每个人的审美各不相同，化妆造型师应该从客户的需求出发，从专业的角度给顾客合理的建议。所以作为化妆造型师，需要掌握大量的造型样式，以便满足客户的不同需求。本书中的造型分为9种风格，涉及不同的处理手法，大家在学习的时候注意将重点放在造型基础结构上，这样才能让自己积累更多的造型知识。

　　造型可以千变万化，不同的人、不同的发量、不同的细节处理都能打造出全新的造型样式。希望大家在学习书中的造型案例时能从手法和细节出发，这样才能举一反三，创造出更符合需求的造型样式。

　　另外，本书还赠送20个造型演示视频，结合视频，大家可以更深入地了解妆容造型的手法与技巧，达到更好的学习效果。

　　最后感谢赵迟老师对我的帮助，让我能不断地进步、成长。

目录

新娘妆容

轻复古妩媚新娘妆容

018

甜橘唯美新娘妆容

020

淡雅暖调新娘妆容

022

酒红浓郁色调新娘妆容

024

炫色甜美新娘妆容

026

深邃魅惑新娘妆容

028

时尚微金新娘妆容

030

浪漫媚眼新娘妆容

032

自然唯美新娘妆容

034

唯美中式新娘妆容

036

新娘造型

复古高贵新娘造型

复古高贵新娘造型 01

040

复古高贵新娘造型 02

042

复古高贵新娘造型 03

044

复古高贵新娘造型 04

046

复古高贵新娘造型 05

048

复古高贵新娘造型 06

050

复古高贵新娘造型 07

052

复古高贵新娘造型 08

054

复古高贵新娘造型 09

056

复古高贵新娘造型 10

058

复古高贵新娘造型 11

060

复古高贵新娘造型 12

062

复古高贵新娘造型 13

064

复古高贵新娘造型 14

066

复古高贵新娘造型 15

068

复古高贵新娘造型 16

070

复古高贵新娘造型 17

072

复古高贵新娘造型 18

074

复古高贵新娘造型 19

076

复古高贵新娘造型 20

078

复古高贵新娘造型 21

080

复古高贵新娘造型 22

082

复古高贵新娘造型 23

084

复古高贵新娘造型 24

086

复古高贵新娘造型 25

088

唯美田园新娘造型

唯美田园新娘造型 01

唯美田园新娘造型 02

唯美田园新娘造型 03

唯美田园新娘造型 04

唯美田园新娘造型 05

090

092

094

096

098

唯美田园新娘造型 06

唯美田园新娘造型 07

唯美田园新娘造型 08

唯美田园新娘造型 09

唯美田园新娘造型 10

100

102

104

106

108

唯美田园新娘造型 11

唯美田园新娘造型 12

唯美田园新娘造型 13

唯美田园新娘造型 14

唯美田园新娘造型 15

110

112

114

116

118

唯美田园新娘造型 16

唯美田园新娘造型 17

唯美田园新娘造型 18

唯美田园新娘造型 19

唯美田园新娘造型 20

120

122

124

126

128

灵动优美新娘造型

灵动优美新娘造型 01

130

灵动优美新娘造型 02

132

灵动优美新娘造型 03

134

灵动优美新娘造型 04

136

灵动优美新娘造型 05

138

灵动优美新娘造型 06

140

灵动优美新娘造型 07

142

灵动优美新娘造型 08

144

灵动优美新娘造型 09

146

灵动优美新娘造型 10

148

灵动优美新娘造型 11

150

灵动优美新娘造型 12

152

灵动优美新娘造型 13

154

灵动优美新娘造型 14

156

灵动优美新娘造型 15

158

灵动优美新娘造型 16

160

灵动优美新娘造型 17

162

灵动优美新娘造型 18

164

灵动优美新娘造型 19

166

灵动优美新娘造型 20

168

灵动优美新娘造型 21

170

灵动优美新娘造型 22

172

灵动优美新娘造型 23

174

优雅气质新娘造型

优雅气质新娘造型 01

176

优雅气质新娘造型 02

178

优雅气质新娘造型 03

180

优雅气质新娘造型 04

182

优雅气质新娘造型 05

184

优雅气质新娘造型 06

186

优雅气质新娘造型 07

188

优雅气质新娘造型 08

190

优雅气质新娘造型 09

192

优雅气质新娘造型 10

194

优雅气质新娘造型 11

196

优雅气质新娘造型 12

198

优雅气质新娘造型 13

200

优雅气质新娘造型 14

202

优雅气质新娘造型 15

204

优雅气质新娘造型 16 　　206

优雅气质新娘造型 17 　　208

优雅气质新娘造型 18 　　210

优雅气质新娘造型 19 　　212

优雅气质新娘造型 20 　　214

优雅气质新娘造型 21 　　216

优雅气质新娘造型 22 　　218

优雅气质新娘造型 23 　　220

优雅气质新娘造型 24 　　222

浪漫唯美新娘造型

浪漫唯美新娘造型 01 　　224

浪漫唯美新娘造型 02 　　226

浪漫唯美新娘造型 03 　　228

浪漫唯美新娘造型 04 　　230

浪漫唯美新娘造型 05 　　232

浪漫唯美新娘造型 06 　　234

浪漫唯美新娘造型 07 　　236

浪漫唯美新娘造型 08 　　238

浪漫唯美新娘造型 09 　　240

浪漫唯美新娘造型 10 　　242

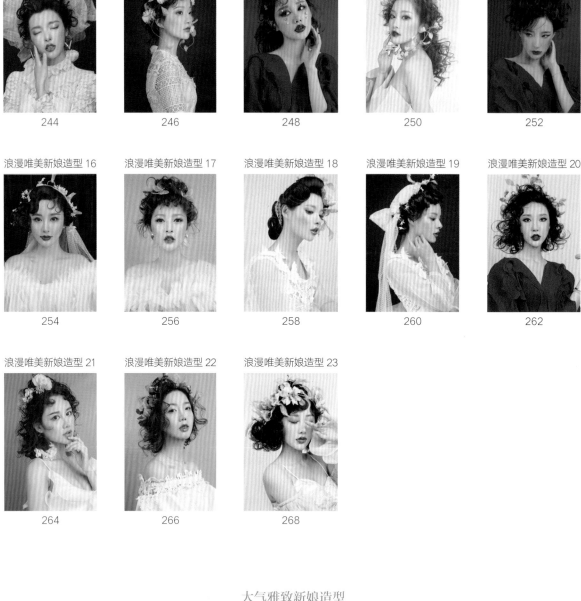

浪漫唯美新娘造型 11　　浪漫唯美新娘造型 12　　浪漫唯美新娘造型 13　　浪漫唯美新娘造型 14　　浪漫唯美新娘造型 15

244　　　　　246　　　　　248　　　　　250　　　　　252

浪漫唯美新娘造型 16　　浪漫唯美新娘造型 17　　浪漫唯美新娘造型 18　　浪漫唯美新娘造型 19　　浪漫唯美新娘造型 20

254　　　　　256　　　　　258　　　　　260　　　　　262

浪漫唯美新娘造型 21　　浪漫唯美新娘造型 22　　浪漫唯美新娘造型 23

264　　　　　266　　　　　268

大气雅致新娘造型

大气雅致新娘造型 01　　大气雅致新娘造型 02　　大气雅致新娘造型 03　　大气雅致新娘造型 04　　大气雅致新娘造型 05

270　　　　　272　　　　　274　　　　　276　　　　　278

大气雅致新娘造型 06

280

大气雅致新娘造型 07

282

大气雅致新娘造型 08

284

大气雅致新娘造型 09

286

大气雅致新娘造型 10

288

大气雅致新娘造型 11

290

大气雅致新娘造型 12

292

大气雅致新娘造型 13

294

大气雅致新娘造型 14

296

大气雅致新娘造型 15

298

大气雅致新娘造型 16

300

大气雅致新娘造型 17

302

大气雅致新娘造型 18

304

大气雅致新娘造型 19

306

大气雅致新娘造型 20

308

大气雅致新娘造型 21

310

大气雅致新娘造型 22

312

大气雅致新娘造型 23

314

大气雅致新娘造型 24

316

华美绮丽新娘造型

华美绮丽新娘造型 01

318

华美绮丽新娘造型 02

320

华美绮丽新娘造型 03

322

华美绮丽新娘造型 04

324

华美绮丽新娘造型 05

326

华美绮丽新娘造型 06

328

华美绮丽新娘造型 07

330

华美绮丽新娘造型 08

332

华美绮丽新娘造型 09

334

华美绮丽新娘造型 10

336

华美绮丽新娘造型 11

338

华美绮丽新娘造型 12

340

华美绮丽新娘造型 13

342

华美绮丽新娘造型 14

344

华美绮丽新娘造型 15

346

华美绮丽新娘造型 16

348

华美绮丽新娘造型 17

350

华美绮丽新娘造型 18

352

华美绮丽新娘造型 19

353

花意缤纷新娘造型

花意缤纷新娘造型 01

354

花意缤纷新娘造型 02

356

花意缤纷新娘造型 03

358

花意缤纷新娘造型 04

360

花意缤纷新娘造型 05

362

花意缤纷新娘造型 06

364

花意缤纷新娘造型 07

366

花意缤纷新娘造型 08

368

花意缤纷新娘造型 09

370

花意缤纷新娘造型 10

372

花意缤纷新娘造型 11

374

花意缤纷新娘造型 12

376

花意缤纷新娘造型 13

378

花意缤纷新娘造型 14

380

花意缤纷新娘造型 15

382

花意缤纷新娘造型 16

384

花意缤纷新娘造型 17

386

花意缤纷新娘造型 18

388

花意缤纷新娘造型 19

390

花意缤纷新娘造型 20

392

中式古典新娘造型

中式古典新娘造型 01   中式古典新娘造型 02   中式古典新娘造型 03   中式古典新娘造型 04   中式古典新娘造型 05

394   396   398   400   402

中式古典新娘造型 06   中式古典新娘造型 07   中式古典新娘造型 08   中式古典新娘造型 09   中式古典新娘造型 10

404   406   408   410   412

中式古典新娘造型 11   中式古典新娘造型 12   中式古典新娘造型 13   中式古典新娘造型 14   中式古典新娘造型 15

414   416   418   420   422

中式古典新娘造型 16   中式古典新娘造型 17   中式古典新娘造型 18   中式古典新娘造型 19   中式古典新娘造型 20

424   426   428   430   432

轻复古妩媚新娘妆容

美妆产品介绍：
① LUNASOL（日月晶采）光透美肌眼影 01 Beige Beige
② MAKE UP FOR LIFE（生命之妆）高清美眸文绣眉笔 H01
③ MAKE UP FOR LIFE（生命之妆）高清美眸文绣眉笔 H02
④ BOBBI BROWN（芭比波朗）流云眼线膏 1#
⑤ BOBBI BROWN（芭比波朗）晴彩魅惑眼线笔
⑥ MAC（魅可）子弹头唇膏 DANGEROUS
⑦ MAC（魅可）立体绒光腮红 Telling Glow
⑧ 月儿公主假睫毛 G5-29

妆容重点分析：在妆容的处理上应着重刻画眼线，使具有复古气息的眼线与饱满的红唇相呼应，淡化眼影的色彩，使整体妆容呈现出复古高贵的美感。

01 处理好真睫毛后，紧贴真睫毛根部粘贴自然感假睫毛⑧。在上眼睑位置大面积晕染金棕色眼影①。

02 在整个下眼睑位置晕染金棕色眼影①。

03 提拉上眼睑皮肤，用咖啡色水性眉笔③代替眼线笔紧贴睫毛根部填补空隙。

04 提拉上眼睑皮肤，用黑色眼线膏④描画眼线。

05 用眼线笔⑤加深描画眼线。

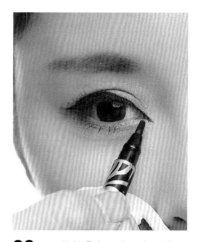

06 用眼线笔⑤勾画内眼角眼线。

07 用灰色水性眉笔②补充描画眉毛，眉形要自然。

08 用橘红色唇膏⑥描画轮廓饱满的唇形。

09 斜向晕染腮红⑦，提升妆容的立体感。

甜橘唯美新娘妆容

美妆产品介绍：

① MAKE UP FOR LIFE（生命之妆）能量红系列能量烤粉眼影 GQ01

② MAC（魅可）时尚焦点小眼影 WHITE FROST

③ Shu uemura（植村秀）白色双头眼线笔

④ BOBBI BROWN（芭比波朗）晴彩魅惑眼线笔 1#

⑤ Lancôme（兰蔻）梦魅旋翘睫毛膏

⑥ CANMAKE（井田）防水持久染眉膏 02

⑦ MAKE UP FOR LIFE（生命之妆）高清美眸文绣眉笔 H02

⑧ MAKE UP FOR LIFE（生命之妆）能量红奥斯卡风尚口红 M4

⑨ Shu uemura（植村秀）无色限幻彩胭脂 540 号

⑩ 月儿公主假睫毛 n23

⑪ 月儿公主假睫毛 08

妆容重点分析：内眼角位置珠光白色眼线的描画及精致的睫毛处理使眼妆更加生动。橘色唇妆与生动的眼妆搭配，整个妆容呈现出清新的田园感。

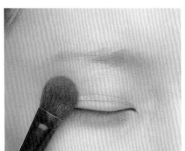

01 在上眼睑位置用珠光白色眼影②提亮。

02 在下眼睑靠近内眼角的位置用珠光白色眼影②提亮。

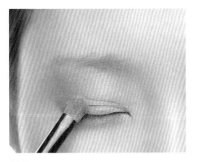

03 在上眼睑位置晕染金棕色眼影①。

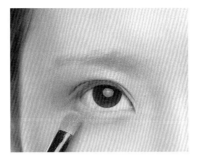

04 在下眼睑位置晕染金棕色眼影①。

05 在上眼睑后半段及眼头位置叠加晕染金棕色眼影①。

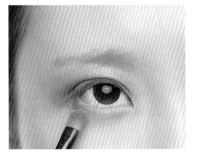

06 在下眼睑位置叠加晕染金棕色眼影①。

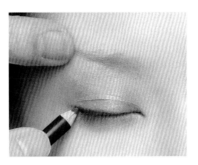

07 提拉上眼睑皮肤，用眼线笔④描画眼线。

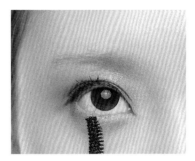

08 用睫毛夹夹翘睫毛，用睫毛膏⑤刷涂睫毛。

09 在下眼睑眼头位置描画珠光白色眼线④。

10 提拉上眼睑皮肤，分段粘贴假睫毛⑩。

11 在下眼睑分段粘贴假睫毛⑪。

12 用染眉膏⑥将眉色染淡，用咖啡色水性眉笔⑦补充描画眉形。

13 在唇部描画橘色唇膏⑧，唇形轮廓要饱满。

14 横向晕染橘色系腮红⑨。

淡雅暖调新娘妆容

美妆产品介绍：
①Dior（迪奥）幽蓝魅惑五色眼影537 Touch
②MAC（魅可）时尚焦点小眼影 WHITE FROST
③Lancôme（兰蔻）梦魅旋翘睫毛膏
④Shiseido（资生堂）恋爱魔镜睫毛膏超现实激长款
⑤MAKE UP FOR LIFE（生命之妆）钻石眼影653#炫彩金
⑥KISSME（奇士美）染眉膏03#
⑦MAKE UP FOR LIFE（生命之妆）高清美眸文绣眉笔H02
⑧MAC（魅可）子弹头唇膏GIDDY
⑨YSL（圣罗兰）情挑诱吻唇蜜1#
⑩NARS（纳斯）炫色腮红ORGASM
⑪月儿公主假睫毛n23#
⑫月儿公主假睫毛08#

妆容重点分析：妆容整体呈现较为淡雅的感觉，用腮红色彩使妆感更加柔美，精致的睫毛处理使妆感更显灵动。

01 粘贴美目贴，增加双眼皮宽度。

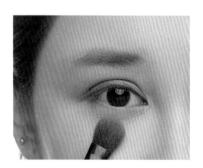

02 在下眼睑位置晕染珠光白色眼影②，进行提亮。

03 用珠光白色眼影②提亮上眼睑皮肤，将睫毛夹卷翘并刷涂睫毛膏③。

04 在上眼睑后眼尾位置晕染深金棕色眼影①。

05 在下眼睑后眼尾位置晕染深金棕色眼影①。

06 在上眼睑位置晕染少量珠光白色眼影②。

07 提拉上眼睑皮肤，将睫毛再次夹卷翘并用睫毛膏④刷涂上下睫毛。

08 从后眼尾位置开始向前分段粘贴假睫毛⑪。

09 用镊子将睫毛轻轻向上抬起，使其更加上翘。

10 在下眼睑位置分段粘贴下睫毛⑫。

11 在内眼角位置用金色眼影⑤进行提亮。

12 用染眉膏⑥刷涂眉毛，减淡眉色。

13 用水眉笔⑦补充描画眉形。

14 在唇部涂抹自然红润的唇膏⑧，然后点缀少量带有金色珠光质感的唇彩⑨。

15 斜向晕染红润感腮红⑩，提升妆容立体感。

酒红浓郁色调新娘妆容

美妆产品介绍：
① HR（赫莲娜）猎豹艳炫防水睫毛膏
② Shiseido（资生堂）恋爱魔镜睫毛膏超现实激长款
③ MAKE UP FOR LIFE（生命之妆）能量红系列能量烤粉眼影 GQ02
④ MAKE UP FOR LIFE（生命之妆）钻石眼影 653# 炫彩金
⑤ Maybelline（美宝莲）心动电光防水眼线液笔（金色）
⑥ MAC（魅可）时尚焦点小眼影 WHITE FROST
⑦ KISSME（奇士美）染眉膏 03#
⑧ Shu uemura（植村秀）砍刀眉笔 1#
⑨ Shu uemura（植村秀）砍刀眉笔 3#
⑩ NARS（纳斯）炫色腮红 ORGASM
⑪ MAC（魅可）子弹头唇膏 DIVA
⑫ 月儿公主假睫毛 N03#

妆容重点分析：此款妆容中，暗红色眼影与金色眼影结合，与暗红色唇膏相呼应，整体呈现复古优雅的感觉。同时金色眼影的运用可以使妆容色彩不单调。

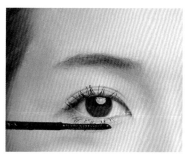

01 提拉上眼睑皮肤，将睫毛夹卷翘。刷涂睫毛膏①，待睫毛半干的时候继续用睫毛膏②刷涂睫毛。

02 在上眼睑位置一根根粘贴假睫毛⑫。

03 在上眼睑位置晕染偏橘红色的眼影③。

04 在下眼睑位置晕染偏橘红色的眼影③。

05 将眼影边缘晕染过渡开。

06 在眼头位置加深晕染偏橘红色的眼影③。

07 在上眼睑中间位置晕染金色眼影④，使眼妆更加立体。

08 在下眼睑眼头位置用金色眼线液笔⑤描画。

09 用染眉膏⑦将眉色染淡。

10 用咖啡色眉笔⑨描画眉形，然后用黑色眉笔⑧加深描画眉形。

11 斜向晕染腮红⑩，提升妆容立体感。

12 用暗红色唇膏⑪描画轮廓饱满的唇形。

炫色甜美新娘妆容

美妆产品介绍：
① MAC（魅可）时尚焦点小眼影 WHITE FROST
② BOBBI BROWN（芭比波朗）睛彩魅惑眼线笔 1#
③ BOBBI BROWN（芭比波朗）浓魅大眼睫毛膏
④ MAKE UP FOR EVER（玫珂菲）防水炫彩眼线液笔（玫红色）
⑤ Shu uemura （植村秀）砍刀眉笔 1#
⑥ Lime Crime（独角兽）丝绒雾面亚光唇釉 PINK
⑦ MAKE UP FOR LIFE（生命之妆）能量红奥斯卡风尚口红 M1#
⑧ NARS（纳斯）炫色腮红 DESIRE
⑨ ETUDE HOUSE（伊蒂之屋）单色眼影 RD302#
⑩ 月儿公主假睫毛 N03#

妆容重点分析：此款妆容采用玫红色眼线，与同色系的唇妆及腮红搭配，整体妆容呈现暖色调，更加符合复古浪漫的主题。

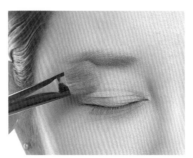

01 在上眼睑位置用珠光白色眼影①提亮。

02 在下眼睑位置用珠光白色眼影①提亮。

03 提拉上眼睑皮肤，用眼线笔②描画自然眼线。

04 提拉上眼睑皮肤，将睫毛夹得向上卷翘。

05 提拉上眼睑皮肤，刷涂睫毛膏③。

06 在上眼睑位置自然粘贴几根假睫毛⑩。

07 在下眼睑位置分段粘贴几根假睫毛⑩。

08 在上眼睑位置紧贴睫毛根部用眼线液笔④描画一条玫红色眼线。

09 在上眼睑位置用玫红色腮红粉⑧淡淡晕染。

10 在下眼睑位置用少量红色眼影⑨晕染过渡。

11 用黑色眉笔⑤自然地描画眉头位置。

12 用黑色眉笔⑤补充描画眉形。

13 在唇部涂抹玫红色唇釉⑥，然后用少量红色唇膏⑦在唇内侧叠加涂刷，增加唇部的立体感。

14 在颊侧位置少量晕染腮红⑧，提升妆容立体感。

深邃魅惑新娘妆容

美妆产品介绍：

①MAKE UP FOR EVER（玫珂菲）艺术家眼影 562#

②MAKE UP FOR LIFE（生命之妆）能量红系列能量烤粉眼影 GQ01

③SEPHORA（丝芙兰）单色眼影 304#Black lace

④Lancôme（兰蔻）梦魅旋翘睫毛膏

⑤KATE（凯朵）三色眉粉 EX-4

⑥Lime Crime（独角兽）丝绒雾面亚光唇釉 WICKED

⑦TOM FORD（汤姆福特）腮红 07#Gratuitous

⑧月儿公主假睫毛 N23#

妆容重点分析：在妆容中，采用黑色与红色搭配的深邃眼妆，红色选用色彩饱和度较低的红色，唇妆采用暗红色，用咬唇刷模糊边缘，使妆容的整体感觉大气时尚。

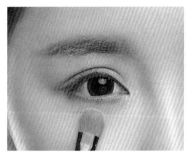

01 在上下眼睑位置晕染金棕色眼影②。

02 在上眼睑位置晕染亚光红色眼影①。

03 将亚光红色眼影晕染过渡开。

04 在下眼睑位置晕染亚光红色眼影①。

05 在上眼睑位置用黑色眼影③自睫毛根部向上晕染过渡。

06 在下眼睑位置用黑色眼影③晕染过渡。

07 将睫毛夹卷翘，刷涂睫毛膏④。

08 提拉上眼睑皮肤，粘贴自然卷翘的假睫毛⑧。

09 在下眼睑分段粘贴假睫毛⑧。

10 用咖啡色眉粉⑤刷涂眉毛，使眉形自然流畅。

11 在唇部涂抹暗红色唇釉⑥，然后用咬唇刷将边缘涂开。

12 斜向晕染红润感腮红⑦，提升妆容立体感。

时尚微金新娘妆容

美妆产品介绍：

① MAC（魅可）时尚焦点小眼影 WHITE FROST

② LUNASOL（日月晶采）光透美肌眼影 01 Beige Beige

③ L'ORÉAL（欧莱雅）琉金唇膏 G101#

④ MAC（魅可）时尚胭脂 Foolish me

⑤ CANMAKE（井田）防水持久染眉膏 02

⑥ MAKE UP FOR LIFE（生命之妆）能量红轻奢美睫双头睫毛膏

⑦ Shu uemura（植村秀）砍刀眉笔 3#

⑧ 3CE 水润唇膏 KISSY

⑨ 金箔

⑩ BOBBI BROWN（芭比波朗）睛彩魅惑眼线笔

⑪ 月儿公主假睫毛 08#

⑫ 月儿公主假睫毛 N12#

妆容重点分析：在妆容的处理上，以金色和橘色相互结合，配合精致的睫毛处理，以金箔点缀，塑造华美奢靡的妆感。在造型的处理上，选择华丽的金色饰品，使华丽感得到提升。

01 在上下眼睑位置晕染珠光白色眼影①。

02 在上眼睑位置自睫毛根部开始向上晕染深金棕色眼影②。

03 在下眼睑位置晕染深金棕色眼影②。

04 在眼头和眼尾位置加深晕染金棕色眼影②。

05 在上眼睑中间位置用金色唇膏③代替眼影膏晕染过渡。

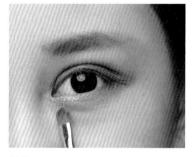

06 在眼头位置用金色唇膏③代替眼影膏晕染过渡。

07 提拉上眼睑皮肤，用黑色眼线笔⑩描画眼线。

08 提拉上眼睑皮肤，将睫毛夹卷翘，刷涂睫毛膏⑥。

09 在上眼睑自后眼尾位置分段粘贴假睫毛⑪。

10 在下眼睑位置分多段粘贴假睫毛⑫。

11 从太阳穴位置开始扩散晕染偏橘红色的腮红④。

12 用染眉膏⑤将眉色染淡。

13 用咖啡色眉笔⑦描画眉形。在腮红位置点缀金箔⑨。

14 用偏橘红色的唇膏⑧描画唇形，然后点缀少量金色唇膏③。

浪漫媚眼新娘妆容

美妆产品介绍：
① MAC（魅可）时尚焦点小眼影 WHITE FROST
② MAKE UP FOR LIFE（生命之妆）能量红系列能量烤粉眼影 GQ01
③ HR（赫莲娜）猎豹艳炫防水睫毛膏
④ KISSME（奇士美）染眉膏 03#
⑤ 亨丝 1818 拉线眉笔 03#
⑥ 3CE 雾面亚光唇膏 402#
⑦ NARS（纳斯）炫色腮红 ORGASM
⑧ 星级睫毛组合

妆容重点分析：在妆容的处理上采用玫红色唇妆，增添唯美感，眉色不宜过重，这样整体妆容会更显柔和。

01 在上眼睑位置用珠光白色眼影①提亮。

02 在下眼睑眼头位置用珠光白色眼影①提亮。

03 在上眼睑位置叠加晕染金棕色眼影②。

04 在下眼睑位置用金棕色眼影②叠加晕染。

05 在眼尾位置用金棕色眼影②加深晕染。

06 在眼头位置用金棕色眼影②加深晕染。

07 在下眼睑位置用金棕色眼影②加深晕染。

08 提拉上眼睑皮肤，用睫毛夹夹翘睫毛，然后用睫毛膏③涂刷。

09 提拉上眼睑皮肤，从后眼尾开始一簇簇粘贴假睫毛⑧。

10 在下眼睑位置分簇粘贴假睫毛⑧。

11 用染眉膏④刷涂眉毛，减淡眉色。

12 用咖啡色眉笔⑤描画眉形。

13 在唇部涂抹玫红色唇膏⑥。

14 斜向晕染腮红⑦，提升妆容立体感。

自然唯美新娘妆容

美妆产品介绍：
① MAC（魅可）立体绒光腮红 Fairly Precious
② MAC（魅可）时尚焦点小眼影 WHITE FROST
③ MAKE UP FOR LIFE（生命之妆）能量红系列能量烤粉眼影 GQ01
④ MAKE UP FOR LIFE（生命之妆）能量红系列能量烤粉眼影 GQ02
⑤ 完美日记纤羽炫翘双头睫毛膏
⑥ BOBBI BROWN（芭比波朗）睛彩魅惑眼线笔
⑦ CANMAKE（井田）防水持久染眉膏 02
⑧ Musros（美勒）眉笔（棕色）
⑨ MAKE UP FOR LIFE（生命之妆）能量红奥斯卡风尚口红 M4
⑩ YSL（圣罗兰）情挑诱吻唇蜜 1#
⑪ 月儿公主假睫毛 n23

妆容重点分析：处理眼妆的时候，注意控制红色眼影的晕染面积，在丰富眼影色彩的同时可以起到类似眼线的效果，使眼睛更加有神。

01 淡淡的晕染橘色腮红①，提升质感。

02 在上下眼睑位置晕染珠光白色眼影②，使眼部皮肤更加通透自然。

03 在上眼睑位置晕染香槟金色眼影③。

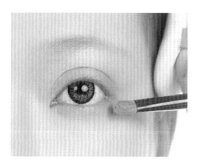

04 在下眼睑位置晕染香槟金色眼影③。

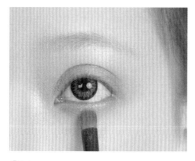

05 在上下眼睑位置分别用金棕色眼影③加深晕染。

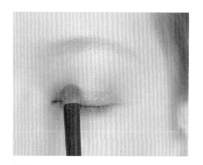

06 在眼头和眼尾位置分别用金棕色眼影③局部加深晕染。

07 提拉上眼睑皮肤，描画自然的眼线。

08 提拉上眼睑皮肤，将睫毛夹卷翘，然后用睫毛膏⑤涂刷上睫毛。

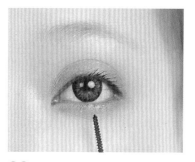

09 用睫毛膏⑤涂刷下睫毛。

10 紧靠真睫毛根部粘贴假睫毛⑪。

11 用棕色眉笔⑧自然地描画眉形，眉头位置要柔和。

12 在眼头位置用少量香槟金色眼影③晕染。

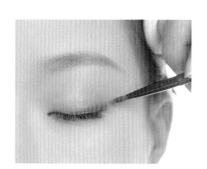

13 在上眼睑后半段靠近睫毛根部晕染亚光红色眼影④。

14 在下眼睑眼尾位置少量晕染亚光红色眼影④。

15 在唇部描画橘色唇膏⑨，然后点缀唇彩⑩，使其呈现更加润泽的感觉。

唯美中式新娘妆容

美妆产品介绍:
① MAC(魅可)时尚焦点小眼影 WHITE FROST
② KISSME(奇士美)梦幻泪眼眼线液笔
③ MAKE UP FOR LIFE(生命之妆)能量红系列能量烤粉眼影 GQ02
④ Shiseido(资生堂)恋爱魔镜睫毛膏超现实激长款
⑤ 月儿公主假睫毛 G5-29
⑥ Shu uemura(植村秀)砍刀眉笔 1#
⑦ Lime Crime(独角兽)丝绒雾面亚光唇釉 RED VELVET
⑧ MAC(魅可)子弹头唇膏 RUBY WOO
⑨ MAKE UP FOR LIFE(生命之妆)自然裸妆细腻腮红粉 610#

妆容重点分析:妆容处理的重点是红唇的描画,注意唇形要精致,不要将唇描画得过大。

01 在上眼睑位置晕染珠光白色眼影①。

02 在眼头位置晕染珠光白色眼影①。

03 提拉上眼睑皮肤,用眼线液笔②描画眼线。

04 将眼线向前描画至眼头位置。

05 用眼线液笔②勾画内眼角位置的眼线。

06 在上眼睑位置晕染红色眼影③。

07 用红色眼影③在上眼睑眼尾位置进行适当加深晕染。

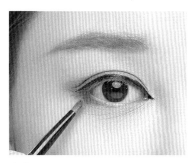

08 在下眼睑位置晕染红色眼影③。

09 提拉上眼睑皮肤，将睫毛夹得卷翘自然。

10 提拉上眼睑皮肤，涂刷睫毛膏④。

11 在上眼睑位置紧贴睫毛根部粘贴假睫毛⑤。

12 用黑色眉笔⑥补充描画眉形，使眉形更加立体。

13 在唇部涂抹红色唇釉⑦。

14 用红色亚光唇膏⑧叠加描画，使唇妆的色彩饱和度更高。

15 晕染红润感腮红⑨，协调妆感。

新娘造型

复古高贵新娘造型

01

造型重点解析：此款造型中，波纹弧度与华丽高贵的流苏头饰相得益彰，白色花朵的点缀为整体造型在高贵中增添了柔和感。

01 将所有头发烫卷，将后发区及左侧发区的头发扎成马尾。

02 从马尾中分出一片头发，向前打卷并固定。

03 将剩余的发尾继续向前打卷并固定。

04 继续从马尾中取头发，向上打卷并固定。

05 从马尾中继续取头发，在后发区位置打卷并固定。

06 在右侧发区位置取头发，向后发区位置扭转并固定。

07 将剩余的发尾继续向上打卷并固定。

08 用尖尾梳将左侧刘海区的头发推出弧度。

09 继续将头发在左侧发区推出弧度并适当固定。

10 将右侧刘海区的头发推出弧度。

11 继续将头发在右侧发区位置推出弧度。

12 将头发在右侧发区位置向前推出弧度，将剩余的发尾在耳后位置固定。

13 佩戴饰品，装饰造型。

复古高贵新娘造型

造型重点解析：有层次的发丝与复古网纱帽子搭配，整个造型复古高贵，同时具有浪漫感。

01 将所有头发烫卷。将顶区的头发用皮筋扎成马尾后进行三股辫编发，向上盘绕并固定。

02 将右侧发区的头发进行两股辫编发并适当抽出层次。

03 将抽好层次的头发向头顶位置盘绕并固定。

04 将左侧及部分后发区的头发进行两股辫编发，将编好的头发适当抽出层次。

05 将抽好层次的头发向头顶位置盘绕并固定。

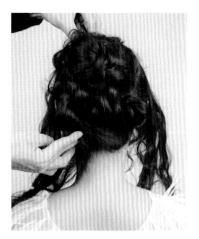

06 将后发区剩余的头发进行两股辫编发并抽出层次，向上提拉，在头顶位置固定。

07 将后发区剩余的头发进行两股辫编发并抽出层次。将头发向头顶右上方提拉并固定。

08 将刘海区的部分头发进行两股辫编发并适当抽出层次，在后发区位置固定。

09 将左侧发区剩余的头发进行两股辫编发并抽出层次，在后发区位置固定。

10 在头顶偏后的位置佩戴饰品，装饰造型。

11 将前面剩余的头发用电卷棒烫卷。

12 用尖尾梳调整左侧发区、刘海区及右侧发区的发丝层次，用发卡固定。

复古高贵新娘造型

03

造型重点解析：将上盘的头发调整出层次感，搭配羽毛装饰的头纱，使造型呈现出高贵大气又柔和的感觉。

01 将所有头发烫卷，将后发区的头发在下方扎成马尾。

02 将马尾中的头发进行三股辫编发。

03 将编好的头发向上盘绕并固定。

04 将左侧发区的大部分头发和顶区的头发向右进行两股辫续发编发。

05 将右侧发区的头发也编入其中，编起来的头发要呈凌乱的感觉，并且只保留刘海区及两侧发区的部分发丝。

06 将编好的头发固定，用电卷棒将凌乱的发丝烫卷。

07 用尖尾梳倒梳烫卷的发丝，使其更具有层次感。

08 在头顶位置佩戴羽毛头纱，装饰造型。

复古高贵新娘造型

04

造型重点解析：整个造型呈收拢上盘的感觉，同时要保留发丝的纹理层次，使其与饰品的结合更加协调。

01 将所有头发烫卷，将刘海区的头发进行三股两边带编发并适当抽出层次。

02 将发辫向上打卷并固定。

03 将左侧发区的头发进行两股辫编发。

04 将编好的头发适当抽出层次并在头顶位置固定。

05 将右侧发区及部分后发区的头发进行两股辫编发并抽出层次。

06 将头发向上提拉并固定。

07 将后发区中间位置的头发进行三股辫编发。

08 将编好的头发适当抽松散。

09 将抽好的头发向头顶位置提拉并固定。

10 将后发区左侧剩余的头发进行三股辫编发。

11 将编好的头发在头顶位置固定，用手调整发丝表面的层次。

12 在头顶位置佩戴饰品。

复古高贵新娘造型

造型重点解析：蕾丝发带在造型中起到了非常重要的作用，在装饰造型的同时隐藏假发，并协调造型的前后关系。

01 将所有头发烫卷，在头顶位置固定假刘海。

02 将右侧发区的头发进行两股辫编发，将编好的头发适当抽出层次。

03 将抽好的头发向顶区位置提拉并固定。

04 将左侧发区的头发进行两股辫编发。

05 将编好的头发适当抽出层次。

06 将抽好的头发向头顶位置提拉并固定。

07 将后发区左侧的头发进行两股辫编发。

08 将编好的头发适当抽出层次。

09 将头发在顶区位置固定。

10 将后发区剩余的头发进行两股辫编发并抽出层次。

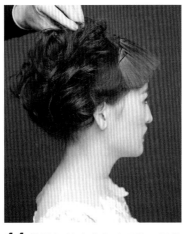

11 将抽好的头发向头顶位置提拉并固定。

12 在头顶位置佩戴发带饰品，遮盖刘海固定位置，装饰造型。

复古高贵新娘造型

造型重点解析：将不同发区的头发分别用皮筋固定，可以使造型从多角度观看都有饱满的轮廓。

01 将所有头发烫卷。将左右两侧发区的头发分别用皮筋固定，然后将刘海区的头发向下打卷。

02 将左侧发区马尾中的头发向前打卷并固定。

03 将右侧发区马尾中的头发向前打卷并固定。

04 将后发区位置的头发用皮筋扎成马尾。

05 在马尾中分出一片头发，进行两股辫编发。

06 将头发适当抽出层次。

07 将头发向上收拢并固定。

08 继续从马尾中分出一片头发，进行两股辫编发并抽出层次。

09 将头发向上收拢并固定。

10 将剩余的头发进行两股辫编发并抽出层次。

11 将头发向头顶位置收拢，调整轮廓并固定。

12 在头顶位置佩戴头纱。

复古高贵新娘造型

造型重点解析：造型两侧的波纹不要有很大的起伏，应该较为伏贴，搭配复古纱帽，整个造型呈现出高贵大气的浪漫感。

01 将所有头发烫卷。保留刘海区的头发，将剩余的头发在后发区位置收拢并固定。

02 将后发区右侧位置的头发向上打卷并固定。

03 将后发区中间位置的头发向上打卷并固定。

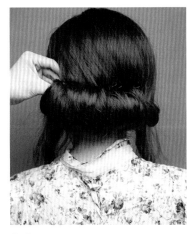

04 将后发区左侧位置的头发向上打卷并固定。

05 用尖尾梳将右侧刘海区的头发梳理出弧度并固定。

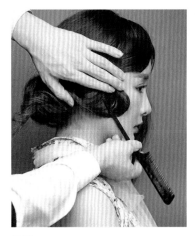

06 继续用尖尾梳在右侧调整头发的弧度。

07 将调整好弧度的头发的发尾在后发区右侧位置固定。

08 用尖尾梳调整左侧刘海区的头发的弧度。

09 将调整好弧度的头发固定。

10 将剩余的发尾在后发区左侧位置固定。

11 在造型两侧分别佩戴饰品，装饰造型。

12 在头顶位置佩戴纱帽。

复古高贵新娘造型

08

造型重点解析：注意头顶位置打好的卷应呈收拢状，打卷可以隐藏后发区位置用来固定头发的发卡。

01 将所有头发烫卷，将刘海区的头发向下打卷。

02 将打好卷的头发固定，将发尾继续打卷并固定。

03 将右侧发区靠前的一缕头发向前用发卡固定。

04 将固定好的发尾打卷并固定。

05 将左侧发区的头发向上提拉，扭转并固定。

06 将两侧发区固定后剩余的发尾及顶区的头发用皮筋扎成马尾。

07 将马尾中的头发向上打卷并固定。

08 将后发区位置的头发向上收拢并固定。

09 将其中一部分发尾向下打卷并固定。

10 将剩余的发尾向下打卷并固定。

11 在头顶位置佩戴发箍饰品，装饰造型。

复古高贵新娘造型

造型重点解析：刘海区的发丝纹理是这款造型的关键，自然的纹理可以使造型在高贵的同时更显生动。

01 将所有头发烫卷，将顶区及部分后发区的头发在头顶位置扎成马尾。

02 将马尾中的头发在头顶位置打卷并固定。

03 将刘海区的头发进行两股辫编发，适当抽出层次后在顶区位置固定。

04 将左侧发区的头发进行两股辫编发，将编好的头发适当抽出层次后向顶区位置固定。

05 在后发区右侧取头发，进行两股辫编发并抽出层次，将抽好层次的头发向顶区位置固定。

06 将后发区下方右侧的头发进行两股辫编发并抽出层次。

07 将抽好层次的头发向顶区位置提拉并固定。

08 将后发区剩余的头发进行两股辫编发并抽出层次。

09 将抽好层次的头发向顶区位置提拉并固定。

10 用电卷棒将刘海区的头发内扣烫卷。

11 调整烫卷头发的层次，将剩余的散碎发丝烫卷。

12 佩戴饰品，装饰造型。

复古高贵新娘造型
⑩

造型重点解析：用发网包裹头发可以使头顶位置的打卷更加方便。同时要注意造型外轮廓的发丝层次，自然的层次可以使造型高贵而不刻板。

01 将靠近发际线的一圈头发烫卷，然后将剩余的头发在头顶位置扎成马尾。

02 将马尾中的头发分多片用发网套住。将其中一片头发在头顶位置打卷并固定。

03 以同样的方式继续分出头发，打卷并固定。

04 将马尾中剩余的头发在后发区位置打卷并固定，调整发卷的轮廓。

05 在头顶位置佩戴饰品。

06 用尖尾梳调整刘海位置的头发的层次。

07 将右侧发区的头发进行两股辫编发，适当抽出层次后在后发区位置固定。

08 将左侧发区的部分头发进行两股辫编发，适当抽出层次后在后发区位置固定。

09 将后发区下方右侧的头发进行两股辫编发并抽出层次。

10 将头发向后发区左上方提拉并固定。

11 将后发区剩余的头发进行两股辫编发，抽出层次后向后发区右上方固定。

12 用尖尾梳调整发丝层次，使造型轮廓更加饱满。

复古高贵新娘造型

11

造型重点解析：在处理刘海区及两侧发区的头发之前需要先烫卷，这样做的目的是使头发有更好的卷曲度和蓬松感，更利于造型。

01 用电卷棒将刘海区和两侧发区的头发烫卷。

02 用尖尾梳将刘海区和两侧发区的头发适当倒梳，使其更具有层次感。

03 将倒梳好的头发固定。

04 从后发区左侧向右下方用三股一边带的手法编发。

05 编发时注意调整好角度，使其走向自然。

06 将编好的头发向上打卷并固定。

07 从后发区右侧取头发，向左侧提拉，扭转并固定。

08 将后发区剩余的头发向上打卷并固定。

09 在头顶位置佩戴皇冠饰品，装饰造型。

复古高贵新娘造型

12

造型重点解析：在做顶区的发包前要先佩戴好皇冠，这是因为发包做好之后很难佩戴皇冠，容易破坏发包的轮廓，提前佩戴会呈现更好的效果。

01 将所有头发烫卷，在顶区位置佩戴皇冠。

02 将顶区的头发向上提拉打卷。

03 将打卷好的头发前推，使其隆起一定高度后固定。

04 将左侧发区的头发向后扭转并固定。

05 将右侧发区的头发向后扭转并固定。

06 固定之后将剩余的发尾向上打卷并固定。

07 将后发区右侧的头发向左上方提拉，扭转并固定。

08 固定之后将剩余的发尾打卷并固定。

09 将后发区左侧的头发向右上方提拉，扭转并固定。

10 固定之后将剩余的发尾打卷并固定。

11 将两侧剩余的头发用电卷棒烫出波纹。

12 烫卷之后对头发的层次进行调整，使其自然。

复古高贵新娘造型

❶❸

造型重点解析：用刘海区的头发修饰顶区的造型轮廓，使其更加饱满。一些处理主要造型时不需要的头发可以在处理主要造型结构前处理好并固定。

01 将所有头发烫卷，将顶区的头发扎成马尾。

02 将马尾中的头发暂时盘起，将后发区下方的头发进行三股辫编发。

03 将后发区编好的头发收拢并固定。将左侧发区的部分头发进行两股辫编发，在后发区位置固定。

04 将右侧发区的部分头发进行两股辫编发，在后发区位置固定。

05 将马尾中的头发分片用电卷棒烫卷。

06 将烫卷的头发调整出层次后在顶区位置固定。

07 在头顶位置佩戴饰品。

08 将刘海区的部分头发进行两股辫编发。

09 将编好的头发抽出层次。

10 将抽好层次的头发在后发区右侧固定。

11 将左侧发区剩余的头发进行两股辫编发，抽出层次并固定。

12 将刘海区剩余的头发用电卷棒向下烫卷，将烫好的卷调整出层次并喷胶定型。

复古高贵新娘造型

14

造型重点解析：在处理造型的时候，注意头顶位置的打卷要有空间感，不要处理得过于死板。卷的排列不要过于整齐，要形成彼此穿插的感觉。

01 将所有头发烫卷，收拢后在头顶位置用皮筋扎成马尾。

02 从马尾中分出一片头发，向前打卷并固定。

03 将固定之后剩余的发尾在额头位置打卷并固定。

04 从马尾中继续分出一片头发，向前打卷并固定。

05 从马尾中继续分出头发，向前打卷并固定。

06 将固定之后剩余的发尾继续向前打卷并固定。

07 继续分出头发，在后发区左侧打卷并固定。

08 继续分出头发，在后发区中间位置打卷并固定。

09 将最后一片头发向上提拉，打卷并固定。

10 将剩余的发尾打卷并固定。

11 调整两侧的发丝，使造型更加灵动。

12 佩戴饰品，装饰造型。

复古高贵新娘造型

15

造型重点解析：顶区位置的发包应轮廓饱满，但体积不要过大。刘海区的头发中分后要梳理光滑，但不要处理得过紧，适当留一些松散的发丝可以使造型更加自然。

01 将所有头发烫卷。将顶区的头发扭转收拢并适当向前推，固定后将发尾收拢，再次固定。

02 将发尾向上提拉，并扭转收拢，将收拢好的头发固定。

03 将固定之后剩余的发尾在后发区向下打卷。

04 将打卷好的头发固定。

05 从两侧刘海区分出一部分头发，向上提拉并进行倒梳。

06 将倒梳后的头发扭转收拢，在后发区位置固定。

07 将发尾向上收拢并固定。

08 将左侧发区的头发梳理光滑。

09 将发尾扭转并在后发区左侧位置固定。

10 梳理右侧发区的头发，使其更加伏贴。

11 将发尾扭转并在后发区右侧位置固定。

12 佩戴饰品，装饰造型。

复古高贵新娘造型
16

造型重点解析：处理此款造型时要注意发丝对饰品的修饰，尽量使两者的结合更加自然。

01 将所有头发烫卷。将顶区位置的头发用皮筋扎好后适当抽出层次，使顶区位置更加饱满。

02 将抽好层次的头发在后发区位置固定。

03 在后发区左侧的头发扭紧，向后发区右上方提拉并固定。

04 将后发区右侧的头发扭紧，向后发区左上方提拉并固定。

05 适当抽拉发丝，使后发区造型轮廓更加饱满。

06 佩戴饰品，装饰造型。

07 在头顶位置取头发，向上提拉并进行倒梳。

08 将倒梳好的头发在头顶位置固定，使顶区的造型轮廓更加饱满。

09 将右侧发区的头发扭转，适当抽出层次后固定。

10 将左侧发区的头发扭转，适当抽出层次后固定。

11 调整左侧刘海的发丝层次。

12 调整右侧刘海的发丝层次，使整体造型更加协调。

复古高贵新娘造型

造型重点解析：处理此款造型时，注意顶区位置的发卷表面不要梳理得过于光滑，保留一些层次感可以使造型更加自然。

01 将所有头发烫卷，将顶区和两侧发区的头发向上收拢。

02 将收拢好的头发用皮筋扎成马尾。

03 取马尾中一部分头发，在头顶位置打卷并固定。

04 将马尾中剩余的头发在头顶位置打卷并固定。

05 将后发区的头发向上收拢并用发卡固定。

06 将收拢好的头发向后发区方向打卷并固定。

07 用尖尾梳调整头顶位置的发丝的层次，使其更加饱满。

08 用尖尾梳调整刘海区的发丝的层次。

09 将刘海区的发丝进行喷胶定型。

10 将两侧发区位置剩余的小发丝进行喷胶定型。

11 在头顶位置佩戴饰品，装饰造型。

复古高贵新娘造型

18

造型重点解析：此款造型利用假发打造真发效果，给造型变化增加了更多的可能性。注意利用饰品遮挡，使真假发的衔接更加自然。

01 将所有头发烫卷，在后发区位置扎成马尾。

02 将马尾中的头发向上打卷。

03 将打好卷的头发固定。

04 将头发表面处理得光滑一些。

05 在右侧佩戴假发片，塑造刘海效果。

06 在左侧佩戴假发片，塑造刘海效果。

07 将假发片的发尾在后发区位置固定。

08 在头顶发包位置固定假发片，使发包更加饱满。

09 在头顶位置佩戴饰品，装饰造型。

10 在假发片衔接点固定饰品，装饰造型。

11 继续佩戴饰品，使造型前后两个区域衔接得更加自然。

12 在两侧取适量的小发丝，喷胶定型，使整体造型更加生动。

复古高贵新娘造型

⑲

造型重点解析：处理此款造型时，注意顶区位置发卷的摆放位置，这些发卷塑造了造型的饱满轮廓。

01 将所有头发烫卷，将顶区的头发向上收拢并固定。

02 将后发区的头发向上收拢并固定在顶区头发下面。

03 将右侧发区的头发分片向上扭转并固定。

04 将左侧发区的头发分片向上扭转并固定。

05 将固定之后剩余的发尾在头顶位置打卷并固定。

06 继续将发尾打卷并固定。

07 将发尾向后发区左侧打卷并固定。

08 将发尾在后发区中间位置打卷并固定。

09 将刘海区的头发向前推出弧度并固定。

10 将剩余的发尾继续推出弧度。

11 为推好弧度的头发喷胶定型。

12 佩戴饰品，装饰造型。

复古高贵新娘造型

20

造型重点解析：处理此款造型时，注意不要将头发梳理得过于光滑，应适当保留一些自然的层次感。

01 将所有头发烫卷，保留刘海区的头发，将剩余的头发扎成马尾。

02 将刘海区的头发整理出弧度，将马尾中的头发向上提拉收紧。

03 适当抽拉头顶的头发，使造型更加饱满。

04 将马尾中的头发调整出饱满的轮廓并固定。

05 适当抽拉发丝，使造型更具有层次感。

06 调整两侧发丝的层次，适当喷胶定型。

07 在头顶位置佩戴发箍饰品，装饰造型。

08 在两侧佩戴珍珠饰品，装饰造型。

复古高贵新娘造型

㉑

造型重点解析：向上盘起的造型轮廓简约，用有层次感的刘海对饰品进行修饰，整体造型在高贵中不失唯美。

01 将所有头发烫卷，用尖尾梳将刘海区及部分两侧发区的头发进行倒梳。

02 将倒梳好的头发调整出层次，向前推出一定高度并固定。

03 从顶区位置取头发，向下进行三股辫编发。

04 将编好的头发向顶区位置打卷。

05 将打卷好的头发固定。

06 将后发区右侧的头发斜向上提拉并扭转。

07 将扭转好的头发固定。

08 将剩余的发尾提拉到顶区位置，调整层次并固定。

09 将左侧发区的头发向右上方提拉，扭转并固定。

10 固定之后将发尾调整出层次，在头顶位置继续固定。

11 佩戴饰品，装饰造型。

复古高贵新娘造型

22

造型重点解析：注意两侧发区位置的发丝纹理，这款造型的重点是塑造刘海区及两侧发区位置的层次感。

01 将所有头发烫卷，将后发区的头发向上提拉并向后打卷。

02 将打卷后剩余的发尾向后发区左侧固定。

03 将固定后剩余的发尾进行打卷。

04 继续将发尾打卷并固定。

05 调整刘海区位置的发丝层次并喷胶定型。

06 将左侧发区的头发推出弧度，固定后调整发尾的发丝弧度。

07 佩戴饰品，装饰造型。

复古高贵新娘造型

23

造型重点解析：注意刘海区的发丝对面部的修饰，不要将其梳理得过于干净，应该呈现自然的层次，保持发丝的柔美感。

01 将所有头发烫卷，将顶区的头发扎成马尾。

02 将马尾中的头发打卷并固定。

03 从后发区位置分出头发，向上固定并打卷。

04 将后发区位置剩余的头发向上固定并打卷。

05 调整刘海区及两侧发区的发丝层次，使其更加自然，喷胶定型。

06 佩戴饰品，装饰造型。

复古高贵新娘造型

24

造型重点解析：处理此款造型时，注意造型的层次感，尤其是两侧发区位置的发丝纹理。柔美的饰品与纱质服装相互呼应。

01 将所有头发烫卷，将顶区的头发向上扭转，收拢并固定，保留发尾的层次感。

02 将后发区左侧的头发向右侧提拉，扭转固定。

03 将后发区右侧的头发向左侧提拉，扭转并固定。

04 将固定后剩余的发尾在顶区位置调整层次并固定。

05 将右侧发区的头发向后发区位置提拉并固定。

06 将左侧发区的头发进行两股辫编发并调整层次。

07 将调整好层次的头发向后发区位置固定。

08 将左侧发区剩余的头发向上提拉，适当调整层次并固定。

09 调整右侧刘海区的发丝层次并喷胶定型。

10 调整左侧刘海区的发丝层次并喷胶定型。

11 佩戴饰品，装饰造型。

复古高贵新娘造型

㉕

造型重点解析：发网的使用可以使打卷操作更加方便，我们要利用一些工具来辅助造型。

01 将所有头发烫卷，将顶区和后发区位置的头发扎成马尾。

02 将马尾中的头发分片用发网套住。

03 将套好的头发分片向上打卷并固定。

04 固定之后调整顶区造型轮廓，将其固定牢固。

05 将左侧发区的头发推出弧度。

06 将推好弧度的头发适当翻卷后在左侧固定。

07 将剩余的发尾在头顶位置固定。

08 用尖尾梳将右侧刘海区的头发推出弧度。

09 将推好弧度的头发固定。

10 继续将剩余的头发推出弧度，将发尾在右侧发区位置打卷并固定。

11 用波纹夹固定头发并喷胶定型，待发胶干透后取下波纹夹。

12 佩戴饰品，装饰造型。

唯美田园新娘造型

01

造型重点解析：这是一款披发造型，用蕾丝帽饰与花朵饰品装饰卷曲的发丝，使整体造型呈现浪漫恬淡的感觉。

01 将所有头发烫卷，将刘海区的头发用皮筋扎成一个发环。

02 将发环在额头发际线处固定。

03 将发尾向前打卷并固定。

04 将右侧发区的头发进行三股辫编发，将编好的头发适当抽松散。

05 将抽松散的头发覆盖在刘海区的头发上固定。

06 从额头发际线左侧取少量发丝，将其梳理出纹理，覆盖在额头位置。

07 将左侧发区位置的头发用皮筋固定并打卷。

08 将打卷后的头发固定。

09 佩戴饰品，装饰造型。

唯美田园新娘造型

02

造型重点解析：卷翘的发尾可以增加造型的俏皮感，用发带和花朵装饰造型，增加田园气息。

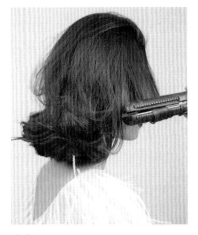

01 将右侧发区的头发用直板夹向上翻卷。

02 将后发区的头发用直板夹向上翻卷。

03 将左侧发区的头发用直板夹向上翻卷。

04 用尖尾梳整理头发，将头发梳理通顺。

05 在额头位置佩戴发带。

06 将发带在左侧打结。

07 将发带系出蝴蝶结效果。

08 固定鲜花饰品，装饰造型。

唯美田园新娘造型

03

造型重点解析：在处理造型的时候，注意刘海区头发的打卷要呈现饱满的感觉，这样在其基础上修饰发丝才能使整体造型的轮廓更加饱满。

01 将所有头发烫卷，取出刘海区的头发，向下打卷并固定。

02 将右侧发区的头发向上打卷并固定。

03 从后发区右侧取头发，进行两股辫编发并抽出层次。

04 用抽好层次的头发修饰额头，再将发尾提拉至头顶位置固定。

05 从左侧发区位置取头发，向上打卷，与刘海区的头发衔接在一起固定。

06 从头顶位置取头发，进行两股辫编发并抽出层次。

07 将抽好层次的头发固定并调整层次。

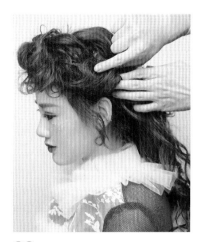

08 将左侧发区剩余的头发向上打卷并固定。

09 从后发区左侧取头发，进行两股辫编发并抽出层次，在头顶位置固定。

10 继续从后发区左侧取头发，向上打卷并固定。

11 将后发区剩余的头发分片向上打卷并固定。

12 调整发丝层次，在头顶位置佩戴饰品，装饰造型。

唯美田园新娘造型

造型重点解析：在处理造型的时候要考虑到饰品的佩戴位置，两者之间恰当的结合可以使整体造型更加协调、饱满。

01 将所有头发烫卷，将右侧刘海区位置的头发进行打卷并固定。

02 将固定之后剩余的发尾继续打卷并固定。

03 将左侧刘海区位置的头发分片打卷并固定。

04 将左侧发区的头发进行两股辫编发。

05 将编好的头发适当抽出层次。

06 将抽好层次的头发在头顶位置固定。

07 将右侧发区及部分后发区的头发向头顶位置提拉，同时进行两股辫编发。

08 将编好的头发适当抽出层次。

09 将抽好层次的头发在头顶位置固定。

10 将后发区左侧的头发进行两股辫编发，抽出层次后向上提拉并固定。

11 将后发区右侧的头发以同样的方式操作。

12 佩戴饰品，装饰造型。

唯美田园新娘造型

造型重点解析：模特原本发色较黑，假发片的使用可以使头发更加富有层次感，两侧垂落的头发的纹理呈现自然松散的感觉。

01 将所有头发烫卷，在头顶位置固定假发片。

02 将部分右侧发区及后发区右侧的头发与假发片结合，进行鱼骨辫编发。

03 将编好的头发适当抽出层次。

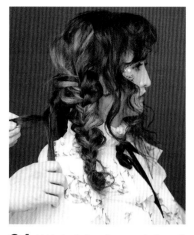

04 继续在后发区位置取头发，进行两股辫编发。

05 将编好的头发适当抽出层次。

06 将抽好层次的头发与鱼骨辫固定在一起。

07 将部分左侧发区及后发区左侧的头发与假发片结合，进行鱼骨辫编发，将编好的头发适当抽出层次后固定。

08 继续在后发区位置取头发，进行两股辫编发。

09 将编好的头发适当抽出层次，与鱼骨辫固定在一起。

10 将左侧发区的头发进行两股辫编发并适当抽出层次，与鱼骨辫固定在一起。

11 将顶区剩余的头发进行两股辫编发并适当抽出层次，在右侧发区位置固定。

12 调整刘海区的头发层次，在头顶位置佩戴饰品，装饰造型。

造型重点解析：在做造型的时候，注意后发区造型轮廓的饱满度，轮廓饱满，佩戴帽子的时候后发区就不会显得空。

01 将所有头发烫卷，将刘海区的头发进行两股辫编发。

02 将编好的头发适当抽出层次并固定。

03 将顶区的头发进行两股辫编发并抽出层次。

04 将编好的头发在刘海区的头发左侧固定。

05 将左侧发区的头发进行两股辫编发。

06 将编好的头发适当抽出层次。

07 将头发向上收拢,在左侧发区位置固定。

08 将后发区右侧的头发进行两股辫编发,将编好的头发抽出层次。

09 将头发在后发区左上方固定。

10 将后发区剩余的头发进行两股辫编发,将编好的头发抽出层次。

11 将头发在后发区右上方固定。

12 在头顶位置佩戴帽子饰品,装饰造型。

唯美田园新娘造型

07

造型重点解析：在处理造型的时候，不要将编发处理得过于规整，而是要呈现比较随意的感觉，这样与花朵蕾丝饰品搭配会呈现更加浓郁的田园感。

01 将所有头发烫卷，调整刘海区的头发层次并将其适当固定。

02 将左侧发区及部分后发区的头发进行三股辫编发。

03 将编好的头发适当抽出层次。

04 将发尾收拢，用皮筋固定。

05 将右侧发区及后发区剩余的头发进行三股辫编发。

06 将编好的头发适当抽出层次。

07 将发尾收拢，用皮筋固定。

08 在面部佩戴蕾丝带。

09 在两侧发区位置佩戴花朵饰品，点缀造型。

唯美田园新娘造型

造型重点解析：此款造型运用假发辫增加饱满度，在使用假发的时候，要将其与真发很好地结合。

01 将所有头发烫卷，在头顶位置固定假发辫。

02 将左侧发区的头发向后扭转，包裹住假发辫并固定。

03 将右侧发区的头发向后，扭转包裹住假发辫并固定。

04 继续在头顶位置固定假发辫。

05 将假发辫进行盘绕并固定。

06 将后发区左侧的头发进行三股辫编发。

07 将后发区右侧的头发进行三股辫编发。

08 将右侧发区的发辫向头顶位置固定。

09 将左侧发区的发辫向头顶位置固定。

10 将刘海区及两侧发区保留的发丝用尖尾梳倒梳，覆盖住假发辫。

11 在头顶位置佩戴饰品，装饰造型。

12 佩戴头纱和花朵饰品，装饰造型。

唯美田园新娘造型

造型重点解析：注意造型表面轮廓的发丝层次感及刘海区位置头发的空间感，要有一些随意灵动的感觉。

01 将所有头发烫卷，将顶区及部分后发区的头发进行三股辫编发并适当抽出层次。

02 将发尾向上收拢并固定。

03 将右侧发区及后发区右侧剩余的头发进行两股辫续发编发并适当抽出层次。

04 将抽好层次的头发在后发区左侧固定。

05 将后发区左侧剩余的头发进行两股辫编发并适当抽出层次。

06 将抽好层次的头发向上收拢并固定。

07 将左侧发区剩余的头发进行两股辫编发并适当抽出层次。

08 将抽好层次的头发在后发区位置收拢并固定。

09 用尖尾梳调整头顶位置的发丝层次。

10 用尖尾梳调整两侧发区位置的发丝层次。

11 用尖尾梳调整刘海区位置的发丝层次。

12 在头顶位置佩戴饰品，装饰造型。

唯美田园新娘造型

⑩

造型重点解析：注意刘海区位置的发丝要呈现灵动的感觉，这样与复古帽子搭配才会具有复古田园气息。

01 将所有头发烫卷，将顶区及后发区大部分的头发进行三股辫编发。

02 将编好的头发向上提拉，收拢并固定。

03 将左侧发区部分头发扭紧，向上提拉并固定。

04 将右侧发区部分头发扭紧并向上提拉。

05 将发尾盘绕在顶区位置并固定。

06 将左侧发区剩余的头发扭转并适当抽出层次。

07 将头发在后发区左侧固定。

08 在刘海区取一缕头发，在顶区位置打卷并固定。

09 继续取刘海区位置的头发，调整层次并固定。

10 将刘海区剩余的头发向上扭转，收拢并固定。

11 将右侧发区剩余的头发适当抽出层次并固定。

12 在头顶位置佩戴帽子。

唯美田园新娘造型

⑪

造型重点解析：将刘海区及两侧发区的头发用电卷棒烫卷之后，在用尖尾梳整理层次的时候要保留一些纹理感，这样整个造型看上去不会过于凌乱。

01 将所有头发烫卷，在头顶位置取头发，进行两股辫编发。

02 将编好的头发适当抽出层次。

03 将抽好层次的头发在后发区位置固定。

04 将左侧发区一部分头发在后发区位置固定。

05 将右侧发区一部分头发在后发区位置固定。

06 在后发区左侧取头发，进行两股辫编发并适当抽出层次。

07 将抽好层次的头发在后发区位置向上收拢并固定。

08 将后发区剩余的头发进行两股辫编发，抽出层次，向上收拢并固定。

09 将刘海区和两侧发区剩余的头发用电卷棒烫卷。

10 将烫好卷的头发适当抽出层次并喷胶定型。

11 在头顶位置佩戴饰品。

12 在后发区位置佩戴饰品，装饰造型。

唯美田园新娘造型

⑫

造型重点解析：处理此款造型时，应适当保持造型表面发丝的自然纹理，使其与饰品之间的结合更加自然。

01 将所有头发烫卷，将顶区部分的头发收拢并固定。

02 在头顶位置固定牛角假发。

03 将顶区的头发覆盖在牛角假发表面并将其梳理干净。

04 将发尾与后发区的头发结合在一起，收拢并固定。

05 将右侧刘海区的头发在后发区位置收拢并固定。

06 将左侧刘海区的头发在后发区位置收拢并固定。

07 将两侧发区的头发在后发区位置收拢并固定。

08 在头顶位置取发丝，整理出一定的纹理并喷胶定型。

09 在左侧发区位置取发丝，整理出一定的纹理并喷胶定型。

10 在右侧发区位置取发丝，整理出一定的纹理并喷胶定型。

11 在后发区左侧佩戴饰品，装饰造型。

12 在后发区右侧佩戴饰品，装饰造型。

唯美田园新娘造型

13

造型重点解析：在处理发丝的时候，注意不要将其处理得过于生硬光滑，而是要保持一些自然感，这样与帽子搭配在一起才会更加协调。

01 将所有头发烫卷。留出刘海区及两侧发区的头发，将剩余的头发在后发区位置收拢并固定。

02 将右侧发区的头发自然地覆盖在后发区的头发上并固定。

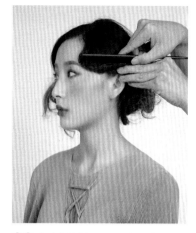

03 将左侧刘海区的头发推出弧度。

04 将弧度处理得伏贴自然并用发卡固定。

05 将右侧刘海区的头发适当推出弧度。

06 将推好弧度的头发用发卡固定。

07 将剩余的发尾整理出自然的弧度并固定。

08 在头顶位置佩戴帽子，装饰造型。

09 佩戴珍珠饰品，装饰造型。

唯美田园新娘造型

14

造型重点解析：注意花朵饰品佩戴的位置，尽量不要使两边过于对称，否则会使造型显得呆板。

01 将所有头发烫卷，将顶区的头发收拢并固定。

02 将左侧发区及部分后发区的头发扭转并收紧。

03 将收紧的头发在后发区位置固定。右侧发区以同样的方式操作。

04 对刘海区的头发喷胶定型。

05 对头发的层次进行调整。

06 将后发区位置的头发烫卷。

07 对烫好的头发喷胶定型，使其更富有层次感。

08 在左侧佩戴花朵饰品，装饰造型。

09 在右侧佩戴花朵饰品，装饰造型。

唯美田园新娘造型

15

造型重点解析：注意用刘海修饰额头位置，适当保留两侧发区的发丝，这样可以使整体造型更加生动。

01 将所有头发烫卷，将顶区及部分后发区的头发用皮筋扎成马尾。

02 将马尾中的头发套上发网。

03 将发网中的头发向上打卷，收拢并固定。

04 将后发区下方的头发向上收拢并固定。

05 在右侧发区位置取发丝，向上扭转，收拢并固定。

06 继续从右侧发区取头发，向上扭转并固定。

07 将剩余的头发继续向上固定，保留一部分发丝。

08 调整刘海区及两侧发区的发丝层次。

唯美田园新娘造型

16

造型重点解析：刘海区的头发不要烫得过于卷曲，自然的发丝纹理可以使造型更加具有随意感。

01 将所有头发烫卷，从顶区位置开始取头发，进行三股两边带编发。

02 在后发区位置用皮筋扎住发辫的尾端。

03 将发辫向下打卷并固定。

04 将左侧发区的头发进行两股辫编发，调整层次后在后发区位置固定。

05 将右侧发区的头发进行两股辫编发，调整层次后在后发区位置固定，将后发区位置剩余的头发向上收拢并固定。

06 调整左右两侧发区位置的发丝层次。

07 调整刘海区的发丝层次，使其更加自然。

08 调整顶区位置的发丝层次，使造型更加饱满。

09 佩戴网纱饰品，装饰造型。

唯美田园新娘造型

17

造型重点解析：用螺旋扫辅助梳理出碎发的弧度，配合啫喱膏定型，丰富造型的表现形式。

01 将所有头发烫卷。在左侧刘海区位置取碎发，用螺旋扫推出弧度，用啫喱膏定型。

02 继续取更少量的碎发，用螺旋扫推出弧度，用啫喱膏定型。

03 在鬓角位置取碎发，用螺旋扫推出弧度，用啫喱膏定型。

04 保留刘海区及两侧发区的少量头发，将剩余的头发在后发区位置扎成马尾。

05 将马尾中的头发向上打卷。

06 将打卷的头发固定。

07 将刘海区的头发调整好弧度并固定。

08 调整两侧发丝并喷胶定型。

09 佩戴发带，装饰造型。

唯美田园新娘造型

18

造型重点解析：处理此款造型时要特别注意纹理感，在侧面观察时，造型要呈现出层次递进的美感。

01 将所有头发烫卷，将右侧发区的头发向后发区扭转并固定。

02 将左侧发区的头发在后发区位置打卷并固定。

03 在后发区右侧取头发，向左扭转并固定。

04 在后发区左侧取头发，向右扭转并固定。

05 在后发区右侧下方取头发，向左扭转并固定。

06 将后发区下方的头发向上收拢，打卷并固定。

07 在刘海区分出一片头发，向顶区位置扭转并固定。

08 继续在刘海区分出一片头发，向顶区位置扭转并固定。

09 固定之后将剩余的发尾继续扭转并固定。

10 将刘海区剩余的头发向上扭转并固定。

11 固定之后将剩余的发尾在后发区位置扭转并固定。

12 佩戴永生花饰品，装饰造型。

唯美田园新娘造型

⑲

造型重点解析：此款造型的重点是飘逸的发丝，要将发丝处理得灵动自然，不要过于生硬。

01 将所有头发烫卷。将刘海区的头发适当隆起一定高度，在顶区位置固定。

02 将左侧发区连同部分后发区的头发向上提拉，扭转并在顶区位置固定。

03 将右侧发区连同部分后发区的头发向上提拉，扭转后固定。

04 将两侧发区的发尾结合在一起，扭转后固定。

05 从后发区位置取部分头发，向上提拉，扭转后固定。

06 将后发区剩余的头发向上提拉并扭转。

07 将扭转后的头发固定，将剩余的发尾再次固定。

08 保留碎发丝的层次感，进行喷胶定型。

09 整理两侧垂落的卷曲发丝。

10 佩戴帽子饰品，装饰造型。

11 在头顶位置固定发带。

12 将发带在下颌位置系蝴蝶结。

唯美田园新娘造型

⑳

造型重点解析：处理此款造型时，注意刘海区及顶区位置呈现的层次感，发丝与花朵饰品应自然地结合。

01 将所有头发烫卷。将顶区的头发扎成马尾，将马尾中的头发从根部向下掏转。

02 在马尾中间位置用皮筋固定。

03 将马尾中的头发打卷并固定，将后发区右侧的头发打卷并固定。

04 将后发区剩余的头发打卷并固定。

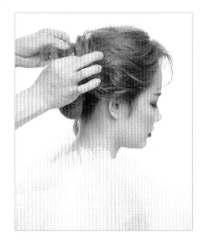

05 将刘海区及右侧发区的发丝向后整理出层次感。

06 将发尾收拢，然后在后发区右侧固定。

07 将左侧发区的头发适当整理出层次，在后发区位置固定。

08 调整额头上方的发丝层次，适当喷胶定型。

09 调整两侧发区位置的发丝层次，适当喷胶定型。

10 调整顶区位置的发丝层次，适当喷胶定型。

11 佩戴花朵饰品，装饰造型。

12 继续佩戴花朵饰品，使造型轮廓更加饱满。

灵动优美新娘造型

01

造型重点解析：在造型处理上，
用灵动的发丝搭配花朵饰品，整
体造型复古而唯美。

01 将所有头发烫卷。将顶区的头发向上提拉并进行倒梳，向上推并用发卡固定。

02 将顶区的头发向后梳理，使头发表面光滑干净，然后收拢并固定。

03 将左侧发区的头发进行倒梳，将倒梳好的头发表面梳理干净，在后发区位置固定。

04 将右侧发区的头发进行倒梳，将表面梳理光滑干净。

05 将梳理好的头发向后发区方向扭转并固定。

06 将后发区位置的头发分片进行倒梳，将倒梳好的头发向上收拢并固定。

07 在刘海区位置取头发，进行两股辫编发并适当抽出层次，将发尾扭转后在头顶位置固定。

08 佩戴饰品，装饰造型。

09 调整额头处的发丝层次。

造型重点解析：用羽毛饰品搭配具有纹理感的发丝，使整体造型更显唯美灵动。注意额头位置的发丝要处理得自然生动。

01 将所有头发烫卷，将右侧刘海区的头发进行两股辫编发。

02 将编好的头发抽出层次。

03 将抽好层次的头发从下颌下方绕过，向后发区左侧固定。

04 将左侧刘海区的头发进行两股辫编发。

05 将编好的头发抽出层次。

06 将抽好层次的头发与右侧发区的头发固定在一起。

07 从顶区取头发，进行两股辫编发，将编好的头发抽出层次。

08 将抽好层次感的头发在头顶位置固定。

09 将后发区右侧的头发进行两股辫编发。

10 将编好的头发向头顶位置提拉并固定。将后发区左侧的头发进行两股辫编发。

11 将编好的头发向上提拉，在头顶位置固定。

12 在造型左右两侧佩戴饰品，装饰造型。

造型重点解析：用永生花点缀造型时要具有一定的随意感，花朵不宜过多，否则会显得沉重，要有轻灵的感觉。

01 将所有头发烫卷，将刘海区的头发倒梳，调整出层次感。

02 将左侧发区的头发与后发区的头发相互结合，进行三股辫编发。

03 继续向下编发。

04 将编好的头发抽出层次。

05 用皮筋在发尾位置固定。

06 将剩余的头发在右侧发区位置用三股两边带的手法编发。

07 将编好的头发适当抽出层次。

08 将抽好层次的头发用皮筋在发尾位置固定。

09 在左侧发区位置佩戴永生花，装饰造型。

10 在后发区左侧佩戴永生花，装饰造型。

11 在发辫固定皮筋的位置佩戴永生花。

12 在右侧发区位置佩戴永生花，装饰造型。

灵动优美新娘造型

造型重点解析：注意发丝对刘海区及两侧发区位置的修饰，自然的发丝可以使造型更加生动，面部更加柔和。

01 将所有头发烫卷，将后发区位置的头发进行三股辫编发。

02 将编好的头发适当抽出层次。

03 将发尾用皮筋固定，向上收拢，在后发区下方固定。

04 在额头发际线处保留部分发丝，将左侧发区的头发进行两股辫编发。

05 将编好的头发抽出层次感。

06 将头发在后发区下方固定。

07 保留右侧刘海区的发丝，将右侧发区的头发进行两股辫编发。

08 将编好的头发适当抽出层次。

09 将头发在后发区下方固定。

10 调整保留的发丝的层次。

11 在头顶位置佩戴发带。

12 在左右两侧佩戴饰品，装饰造型。

造型重点解析：将两侧发区的头发向后发区方向固定时要抽出灵动的发丝，使其具有空间感，这样整体造型才会更加飘逸。

01 将所有头发烫卷。从顶区位置取头发，向后发区方向进行三股辫连编。

02 继续向下进行编发，将后发区的头发编入其中，然后抽出层次。

03 将发尾用皮筋固定。

04 将后发区右侧剩余的头发进行两股辫编发，将编好的头发抽出层次，和后发区的发辫固定在一起。

05 将左侧发区的头发进行两股辫续发编发。

06 将编好的头发适当抽出层次，与后发区的发辫固定在一起。

07 将后发区左侧剩余的头发进行两股辫编发并抽出层次。

08 将抽好层次的头发与后发区的发辫固定在一起。

09 将右侧发区的头发进行两股辫编发，抽出层次后与后发区的发辫固定在一起。

10 将刘海区的头发进行两股辫编发并抽出层次。

11 将抽好层次的头发在右侧发区位置固定。

12 穿插点缀饰品，装饰造型。

灵动优美新娘造型

造型重点解析：注意左侧发区的小碎发对额头位置的修饰，小碎发不但可以修饰额头，还可以使整体造型更加灵动。

01 将所有头发烫卷。保留刘海区的头发，将剩余的头发在顶区位置扎成马尾。

02 从马尾中分出一片头发，向前打卷并固定。

03 将发尾继续向前打卷。

04 继续从马尾中取头发，向前打卷并固定。

05 以同样的方式继续分出头发并打卷。

06 将马尾中剩余的头发向上打卷并固定。

07 调整头顶发髻造型的轮廓。

08 从刘海区取头发，进行两股辫编发并抽出层次，在头顶位置固定。

09 调整刘海区剩余发丝的层次。

10 佩戴花朵饰品，装饰造型，并用发丝对其进行修饰。

11 用左侧发区的发丝对额角位置进行修饰。

12 从右侧发区取发丝修饰造型。

造型重点解析：将后发区和两侧发区位置的头发分层向上固定，这样可以使整体造型的发丝层次更加丰富。

01 将所有头发烫卷，将顶区的头发进行扭转。

02 将扭转好的头发收拢，在头顶位置固定。

03 从左侧发区取头发并抽出层次，将抽好层次的头发与顶区的头发固定在一起。

04 保留右侧发区的部分发丝，将剩余的头发进行两股辫编发。将编好的头发抽出层次。

05 将抽好层次的头发从后发区绕至头顶位置固定。

06 保留左侧发区的部分发丝，将左侧发区与部分后发区的头发进行两股辫续发编发并抽出层次。

07 将抽好层次的头发绕到右侧，再向顶区位置固定。

08 将后发区剩余的头发进行三股辫编发。

09 将编好的头发向上收拢并固定在后发区。

10 在后发区位置佩戴饰品。

11 用尖尾梳调整刘海区的发丝层次。

12 在右侧佩戴饰品。

造型重点解析：用蕾丝蝴蝶对发丝进行修饰，蝴蝶会给人轻盈飘逸的感觉，与发丝结合会提升整体造型的灵动感。

01 将所有头发烫卷。将后发区及顶区中间的头发扭转，向上收拢并固定。

02 从头顶偏右的位置取头发，进行两股辫编发，将编好的头发在后发区上方固定。

03 从后发区右侧取头发，进行两股辫编发。

04 将头发向上提拉，在后发区左上方固定。

05 将右侧发区与后发区右侧剩余的头发进行两股辫续发编发，将编好的头发向上提拉，在后发区左上方固定。

06 将头顶左侧及后发区左侧的部分头发进行两股辫编发。

07 将编好的头发收拢并固定。

08 将左侧发区的部分头发及后发区左侧的头发进行两股辫续发编发。

09 将编好的头发抽出层次，向上收拢并固定。

10 将后发区剩余的头发进行两股辫编发，在头顶位置固定。

11 调整刘海区及两侧发区的发丝弧度并固定。

12 佩戴饰品，装饰造型。

灵动优美新娘造型

造型重点解析：这款造型中，刘海区及两侧发区的固定方式可以在保留发尾层次的同时缩短头发长度，是解决头发过长问题的有效方式。

01 将所有头发烫卷，将顶区及后发区位置的头发收拢并固定。

02 在顶区位置佩戴饰品。

03 将左侧发区靠后的一部分头发向前扭转并固定。

04 将左侧发区靠前的一部分头发在头顶位置扭转。

05 将扭转后的头发固定，保留剩余的发尾。

06 将刘海区的头发扭转并固定，保留发尾。

07 用电卷棒将保留的发尾烫卷。

08 烫卷之后，将头发在局部位置固定。

09 将右侧发区的头发向前扭转并固定。

10 调整发丝层次并固定。

11 继续调整发丝层次并固定。

12 佩戴饰品，装饰造型。

灵动优美新娘造型

10

造型重点解析：在造型过程中，边喷胶边抽拉发丝会更好地塑造发丝灵动感，注意喷胶要适量。

01 用电卷棒将头发烫卷。将左侧发区及后发区左侧的头发向右侧扭转并固定。

02 将右侧发区及后发区右侧的头发向左侧扭转并固定。

03 将后发区位置的头发在靠近发尾的位置收拢并固定。

04 用尖尾梳将后发区位置的发丝适当倒梳，使其更具有层次感。

05 适当喷胶后对发丝层次做进一步调整。

06 将顶区位置的发丝适当抽拉并喷胶定型。

07 将刘海区剩余的发丝在额头位置梳理伏贴。

08 佩戴饰品，装饰造型。

09 继续佩戴饰品，装饰造型。

灵动优美新娘造型

⑪

造型重点解析：此款造型的重点是飘逸的发丝。要想使发丝呈现灵动感，除了可以利用尖尾梳，还可以将发胶和蓬松粉作为辅助的造型工具。

01 将所有头发烫卷。将顶区的头发进行三股辫编发，使其隆起一定高度。

02 将编好的辫子用皮筋固定。

03 将辫子内扣后继续固定。

04 将右侧发区的部分头发向后打卷并固定。

05 在鬓角处保留部分发丝，将右侧发区剩余的头发向后扭转并固定。

06 将后发区后侧的部分头发向上提拉并扭转。

07 将扭转好的头发固定。

08 在左侧发区保留部分发丝，将剩余的头发在后发区位置扭转并固定。

09 将后发区左侧的一部分头发向上翻卷后固定。

10 将后发区剩余的头发向上提拉并固定。

11 佩戴饰品，装饰造型。

12 用尖尾梳轻轻倒梳，使发丝更加立体生动。

灵动优美新娘造型

12

造型重点解析：造型讲究的是整体感，要合理利用饰品修饰造型。恰当的饰品可以在丰富造型、塑造风格的同时弥补造型缺陷。

01 将所有头发烫卷，将刘海区的头发向上提拉并进行三股辫编发。

02 将编好的头发扭转后在顶区位置固定。

03 将左侧发区的头发向上提拉，扭转并固定。

04 将右侧发区的头发向上提拉，扭转并固定。

05 在后发区右侧取头发，进行两股辫编发。

06 将编好的头发提拉至头顶位置固定。

07 在后发区左上方取头发，进行两股辫编发，在头顶位置固定，增加造型高度。

08 在后发区上方取头发，进行两股辫编发并在头顶位置固定。

09 将后发区剩余的头发进行两股辫编发并在头顶位置固定，调整造型的轮廓。

10 佩戴头纱，装饰造型。

11 佩戴羽毛饰品，装饰造型。

12 用电卷棒将散落的发丝烫卷，使其自然散落。

灵动优美新娘造型

13

造型重点解析：在编发的时候注意不要将头发处理得过于光滑干净，自然散落的发丝经过处理后会使造型的层次纹理更加自然生动。

01 将所有头发烫卷。在顶区位置分出三片头发，向下进行三股两边带编发。

02 将编好的头发在后发区位置打卷并固定。

03 从左侧发区位置分出三片头发，进行三股两边带编发。

04 继续向右侧发区位置进行三股两边带编发。

05 在后发区左下方将编发收尾。

06 将发尾收拢后，在后发区左下方固定。

07 调整散落发丝的层次并进行细致固定。

08 佩戴蝴蝶饰品，装饰造型。

09 佩戴永生花饰品，装饰造型，使造型更加饱满唯美。

灵动优美新娘造型

14

造型重点解析：处理此款造型时注意发丝的自然感，随意的感觉会使造型更加灵动。

01 将所有头发烫卷。在头顶位置取头发收拢，调整出层次后固定。

02 在后发区右侧取头发，进行两股辫编发并抽出层次。

03 将抽好层次的头发向上提拉并固定。

04 将后发区剩余的头发抽出层次，向上提拉并固定。

05 在头顶位置佩戴饰品。

06 将左侧发区的头发进行两股辫编发并适当抽出层次。

07 将抽好层次的头发在后发区位置固定。

08 将右侧发区的头发进行两股辫编发并抽出层次。

09 将头发在后发区位置固定。

灵动优美新娘造型

15

造型重点解析：两侧发区的发丝自然飘逸，与唯美的花朵饰品搭配，更具有浪漫的气息。

01 将刘海区的头发的根部进行倒梳，使其更具有层次感。

02 将刘海区的头发的发尾适当倒梳，使其更加饱满。

03 将所有头发烫卷。将顶区的头发收拢，使顶区造型更加饱满，将发尾在后发区位置收拢并固定。

04 将左侧发区的头发进行两股辫编发并抽出层次，在后发区位置固定。

05 将右侧发区的头发适当调整出层次感。

06 将调整好层次的头发在后发区位置固定。

07 将后发区的头发调整出层次感后喷胶定型。

08 将顶区的头发调整出层次感并喷胶定型。

09 在左侧发区位置佩戴花朵饰品，装饰造型。

10 在右侧发区位置佩戴花朵饰品，装饰造型。

11 在后发区位置佩戴花朵饰品，装饰造型。

灵动优美新娘造型

16

造型重点解析：用发胶辅助塑造两侧发丝灵动飘逸的感觉，使造型更加唯美。

01 将所有头发烫卷，将顶区位置的头发适当抽出层次，使其更加饱满。

02 将顶区位置的头发在后发区位置固定。

03 将后发区位置的一部分头发向上扭转，收拢并固定。

04 将后发区剩余的头发向上收拢并固定。

05 将右侧发区的头发抽出层次并在后发区位置固定。

06 将左侧发区的头发抽出层次并在后发区位置固定。

07 调整刘海区的发丝层次。

08 在左侧发区位置佩戴花朵饰品，装饰造型。

09 在头顶位置佩戴花朵饰品，装饰造型。

10 继续在头顶位置佩戴花朵饰品，装饰造型。

11 在左侧发区位置取出几缕发丝，调整好层次并喷胶定型。

12 在右侧发区位置取出几缕发丝，调整好层次并喷胶定型。

灵动优美新娘造型

17

造型重点解析：花朵饰品的装饰
要具有层次感，这样可以使造型
更加生动自然。

01 将所有头发烫卷，调整顶区位置的发丝层次，使其更加饱满。

02 将顶区头发的发尾收拢，调整层次后固定。

03 将右侧发区的发丝向后发区位置收拢并固定。

04 将左侧发区的发丝向后发区位置收拢并固定。

05 保留后发区位置的部分发丝，将剩余发丝向上收拢并固定。

06 调整刘海区及顶区位置的发丝层次。

07 在左右两侧佩戴花朵饰品，装饰造型。

08 继续佩戴花朵饰品，装饰造型。

09 用花朵饰品对面部进行装饰。

灵动优美新娘造型

⑱

造型重点解析：羽毛质感的饰品与灵动的发丝搭配，注意用发丝修饰饰品，使两者之间的结合更加自然。

01 将所有头发烫卷，将顶区及部分后发区位置的头发扎成马尾。

02 将马尾中的头发进行三股辫编发。

03 将编好的头发收拢并固定。

04 调整刘海区的发丝层次，使其更加蓬松自然。

05 将左侧发区的头发向上提拉，收拢并固定。

06 将右侧发区的头发向上提拉，收拢并固定。

07 将后发区的头发抽出层次。

08 将抽好层次的头发向上收拢并固定。

09 将后发区固定后剩余的头发抽出层次。

10 将抽好层次的头发向上收拢并固定。

11 佩戴饰品，用发丝对饰品进行修饰。

12 调整发丝层次，喷胶定型。

灵动优美新娘造型

19

造型重点解析：散落的发丝可以
起到修饰脸形的作用，同时能使
造型更加浪漫柔美。

01 将所有头发烫卷。在后发区位置保留部分发丝，将剩余的头发向顶区位置收拢。

02 将收拢好的头发固定。

03 将固定好的头发适当调整好层次并喷胶定型。

04 佩戴花朵饰品，将散落发丝喷胶定型，使其更具有层次感。

05 注意细节位置的发丝调整。

06 在右侧发区喷胶定型，使发丝更具有层次感。

07 在头顶位置佩戴花朵饰品。

08 在右侧佩戴花朵饰品。

09 继续在右侧佩戴花朵饰品，装饰造型。

灵动优美新娘造型

⓴

造型重点解析：注意造型外轮廓的发丝层次感，生动的纹理会使造型更加浪漫灵动。

01 将所有头发烫卷。从顶区位置取头发，进行两股辫编发。

02 将编好的头发抽出层次并在后发区位置固定。

03 以同样的方式对顶区剩余的头发进行处理并用发卡固定。

04 将右侧发区的头发进行两股辫编发并抽出层次。

05 将抽好层次的头发在后发区位置固定。

06 对左侧发区的头发进行两股辫编发并抽出层次。

07 将后发区的头发适当收紧固定。

08 对后发区位置的边缘发丝喷胶定型。

09 佩戴饰品，装饰造型。

10 调整两侧发区的发丝层次并喷胶定型。

11 调整刘海区的发丝层次并喷胶定型。

灵动优美新娘造型

 21

造型重点解析：调整发丝纹理，用发丝对花朵饰品进行修饰，注意两侧发区的发丝要有自然灵动的感觉。

01 将所有头发烫卷。将后发区位置的头发向上扭转，收拢并固定。

02 将顶区位置的头发向上扭转，收拢并固定。

03 保留散落的发丝，将右侧发区的头发向上提拉，扭转并固定。左侧发区以同样的方式操作。

04 调整左侧发区的发丝层次。

05 适当抽拉发丝，使其层次感更加丰富。

06 调整左侧刘海区的发丝层次。

07 调整右侧发区的发丝层次。

08 适当抽拉发丝，使其更具有层次感。

09 调整右侧刘海区的发丝层次。

10 在左侧颧骨处佩戴花朵饰品，装饰造型。

11 继续佩戴花朵饰品，装饰造型。

灵动优美新娘造型

22

造型重点解析：注意刘海区发丝的卷曲弧度，可以用电卷棒单独烫卷，塑造自然的卷曲效果。

01 将所有头发烫卷，将顶区位置的头发进行三股辫编发。

02 将编好的头发适当抽出层次，在后发区位置固定。

03 保留部分散落的头发，将后发区左侧大部分头发进行两股辫编发，然后抽出层次，在后发区位置固定。

04 保留部分散落的头发，将后发区右侧大部分头发进行两股辫编发，然后抽出层次。

05 将抽好层次的头发在后发区位置固定。

06 调整左侧发区的发丝层次，并喷胶定型。

07 调整刘海区位置的发丝层次，并喷胶定型。右侧发区以同样的方式操作。

08 佩戴花环，装饰造型。

灵动优美新娘造型

23

造型重点解析：注意顶区位置的发丝层次，如果顶区位置过于扁平，会使造型显得不协调。

01 将所有头发烫卷，在后发区位置扎成马尾。

02 将马尾中的头发调整好层次并喷胶定型。

03 调整顶区位置的发丝层次并喷胶定型。

04 调整左侧发区的发丝层次并喷胶定型。

05 调整右侧发区的发丝层次并喷胶定型。

06 整体调整发丝，使其更富有层次感。将调整好的发丝层次喷胶定型。

优雅气质新娘造型

01

造型重点解析：刘海区的头发要处理得光滑伏贴，不要有大的起伏。饰品的修饰可以使整体造型简约优雅。

01 将所有头发烫卷，用尖尾梳将刘海区的头发向右侧推出弧度。

02 继续将发尾在右侧推出弧度并固定。

03 在后发区位置将头发用发卡横向固定。

04 将后发区右侧的头发向上打卷并固定。

05 将后发区中间位置的头发向上打卷并固定。

06 将后发区剩余的头发向上提拉，打卷并固定。

07 将剩余的发尾收拢并固定。

08 在左侧发区位置佩戴饰品，装饰造型。

09 在右侧发区位置佩戴饰品，装饰造型。

优雅气质新娘造型

造型重点解析：刘海区两侧的打卷可以对颧骨位置起到修饰作用，同时可以使整体造型更加优雅复古。

01 将后发区右侧的头发向上翻卷并固定。

02 将后发区剩余的头发在后发区位置分片打卷并固定。

03 将所有头发烫卷。将左右两侧发区的部分头发在后发区位置收拢并固定。

04 将左侧刘海区的头发以尖尾梳的尾端为轴向前打卷。

05 将发尾以同样的方式向前连环打卷并固定。

06 将剩余发丝打卷并用睫毛胶水固定。

07 将右侧刘海区的头发以尖尾梳的尾端为轴向下扣卷并固定。

08 将剩余的发尾继续在右侧发区位置打卷并固定。

09 从保留的发丝中分出一部分，打卷并用睫毛胶水固定。

10 在头顶位置向两侧固定造型布。

11 佩戴珍珠饰品，装饰造型。

优雅气质新娘造型

造型重点解析：将两侧发区的头发固定在后发区位置时不要太紧，应适当抽拉发丝，使造型更加饱满，不要将头发处理得过于光滑。

01 将所有头发烫卷，将顶区及部分后发区的头发进行三股两边带编发。

02 将编好的头发适当抽出层次。

03 将抽好层次的头发向上打卷，收拢并固定。

04 取部分刘海区的头发，向下打卷并固定。

05 以同样的方式将剩余的发尾打卷并固定。

06 继续在刘海区位置取头发，进行两股辫编发。

07 将编好的头发在右侧发区位置固定。

08 将右侧发区及部分后发区的头发进行两股辫编发并抽出层次。

09 将抽好层次的头发在后发区左侧固定。

10 将后发区左侧剩余的头发进行两股辫编发并抽出层次，在后发区位置固定。

11 将左侧发区剩余的头发进行两股辫编发并抽出层次，在后发区位置固定。

12 在右侧发区位置佩戴饰品，装饰造型。

优雅气质新娘造型

 04

造型重点解析：刘海区头发的打卷要饱满立体，这样可以与帽子很好地搭配，两侧发区保留一些发丝，使造型在优雅的基础上增加一些灵动感。

01 将所有头发烫卷。取出刘海区的头发，向下打卷并固定。

02 将固定后剩余的发尾继续打卷并固定。

03 将右侧发区的头发向上提拉，扭转并固定。

04 将剩余的发尾在头顶位置打卷并固定。

05 将左侧发区的头发向上提拉，扭转并固定。

06 将后发区中间的头发进行三股辫编发。

07 将编好的头发向上提拉，扭转并固定。

08 将后发区右侧的头发进行三股辫编发。

09 将编好的头发向头顶位置提拉并固定。

10 将后发区左侧的头发进行三股辫编发。

11 将编好的头发向头顶位置提拉并固定。

12 在左侧发区位置佩戴帽子，装饰造型。

优雅气质新娘造型

造型重点解析：在后发区位置用发卡将头发固定牢固后向上打卷，这样可以使打卷操作更加方便，不会对顶区头发的光滑度造成影响。

01 保留刘海区的头发，将剩余的头发在后发区位置收拢并固定。

02 将后发区右侧的头发向左侧提拉，扭转并固定。

03 将后发区中间位置的头发向上打卷并固定。

04 将后发区左侧的头发向上打卷。

05 将打好卷的头发固定。

06 将刘海区的头发向后梳拢。

07 用尖尾梳将头发推出弧度。

08 将推出弧度的头发固定。

09 继续将头发在右侧发区位置推出弧度。

10 将剩余的发尾在后发区位置打卷并固定。

11 佩戴饰品，装饰造型。

12 在饰品的基础上佩戴花朵饰品，装饰造型。

优雅气质新娘造型

造型重点解析：这款造型中，刘海区位置的处理有一定的难度，在分区的时候发丝要干净，否则波纹和打卷的处理都会显得不够光滑。

01 将所有头发烫卷，将后发区位置的头发进行三股辫编发。

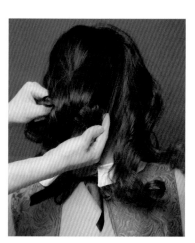

02 将编好的头发向下收拢，打卷并固定。

03 将后发区右侧的头发进行两股辫编发后向左侧固定。

04 将后发区右侧剩余的头发进行两股辫编发后固定。

05 将后发区左侧的头发进行两股辫编发后向右侧固定。

06 从顶区位置取头发，在右侧发区位置推出弧度。

07 将剩余的发尾继续推出弧度并固定。

08 将剩余的发尾在右侧发区位置扭转并固定。

09 将左侧发区的头发向下打卷并固定。

10 将刘海区的头发向右侧发区方向打卷。

11 佩戴饰品，装饰造型。

优雅气质新娘造型

造型重点解析：刘海区的头发采用连环卷的方式，使造型轮廓更加饱满。注意花朵饰品的佩戴位置，要对造型轮廓起到修饰作用。

01 将所有头发烫卷，将刘海区的头发向下打卷并固定。

02 将剩余的发尾继续向下打卷并固定。

03 将剩余的发尾继续打卷。

04 将打好的卷收拢并固定。

05 将左侧发区的头发向下打卷并固定。

06 将剩余的发尾继续向下打卷并固定。

07 将后发区左侧的头发进行适当扭转。

08 将扭转好的头发固定，后发区右侧的头发以同样的方式操作。

09 佩戴饰品，装饰造型。

10 佩戴花朵饰品，装饰造型。

11 继续佩戴花朵饰品，装饰造型。

优雅气质新娘造型

08

造型重点解析：将刘海区的头发打卷时要注意发片的走向及发卷的层次感。不要将发卷处理成大小一致、排列整齐的效果，否则会显得很生硬。

01 将所有头发烫卷。从左侧发区位置取头发，在额角处进行打卷并固定。

02 以同样的方式进行多次打卷并固定。

03 从刘海区位置取头发，在额头处进行打卷并固定。

04 继续从刘海区位置取头发，打卷并固定。

05 将刘海区剩余的头发继续打卷并固定。

06 在右侧发区位置取头发，打卷并固定。

07 将剩余的发尾继续打卷并固定。

08 将左右两侧剩余的头发和后发区的头发扎成马尾。

09 在头顶位置佩戴帽子。

10 将马尾中的头发分缕向中间扭转并固定。

11 调整固定后的头发。

12 将后发区剩余的发尾继续扭转并固定。

优雅气质新娘造型

09

造型重点解析：此款造型采用打卷的造型手法完成，注意打卷的方向，最后整体发型形成饱满的轮廓。

01 将所有头发烫卷，将刘海区的头发打卷并固定。

02 将左侧发区的头发向后打卷。

03 将打好的卷固定。

04 将右侧发区的头发向下打卷。

05 将打好的卷固定。

06 将后发区左侧的头发向上打卷。

07 将打好的卷固定。

08 将后发区右侧的头发向上打卷。

09 将打好的卷固定。

10 佩戴发带。

11 在发带的基础上佩戴花朵饰品。

12 在花朵饰品的基础上佩戴叶子饰品，装饰造型。

优雅气质新娘造型
❿

造型重点解析：此款造型的分区较多，注意操作的先后顺序，尤其是后发区位置的处理，需要塑造出后发区位置饱满的轮廓。

01 将所有头发烫卷，将后发区右侧的头发向前打卷并固定。

02 将后发区中间的头发向右侧打卷并固定。

03 将后发区左侧的头发向前打卷。

04 将打好的卷收拢并固定。

05 从顶区位置取头发，向下打卷并固定。

06 将顶区位置剩余的头发在右侧推出弧度。

07 以同样的方式连续推出弧度并固定。

08 将左侧发区位置的头发向前推出弧度。

09 将剩余的发尾在后发区位置推出弧度并固定。

10 将刘海区的头发以尖尾梳为轴向下打卷并固定。

11 将剩余的发尾继续连续打卷并固定。

12 佩戴饰品，装饰造型，调整剩余发丝的层次，使造型整体感觉更加灵动。

造型重点解析：使用假发时，首先要注意真假发的发色应较为接近，另外真假发衔接的位置需要通过造型手法隐藏，这样可以达到以假乱真的效果。

01 将所有头发烫卷，将后发区的头发扎成马尾。

02 将扎好的马尾向上打卷并固定，使其隆起一定的高度。

03 在打卷的马尾上佩戴假发。

04 将右侧发区的头发向上提拉，倒梳后将表面梳理光滑。

05 将梳理好的头发在后发区位置扭转并固定。左侧发区以同样的手法处理。

06 在头顶位置佩戴皇冠饰品，装饰造型。

07 用尖尾梳辅助将刘海区的头发调整出一定的弧度。

08 将头发向后提拉，将发尾在后发区位置固定。

09 将部分发尾在后发区位置打卷并固定。

10 将发尾继续在后发区位置进行多次固定，使后发区下方的头发呈收紧的状态。

11 在后发区位置佩戴饰品，装饰造型。

12 在刘海区位置佩戴饰品，装饰造型。

优雅气质新娘造型

12

造型重点解析：此款造型利用饰品在后发区位置装饰，补充造型轮廓，使其更加饱满。刘海区的头发可利用蛋糕夹烫卷，这样弧度更加自然。

01 将刘海区两侧的头发用蛋糕夹烫卷。从后发区左侧取头发，向右侧提拉，扭转并固定。

02 从后发区右侧取头发，向左侧提拉，扭转并固定。

03 从后发区下方取部分头发，向上打卷并固定。

04 将后发区剩余的头发向上打卷并固定。

05 将后发区剩余的发尾向上打卷并固定。

06 在头顶位置佩戴饰品。

07 将饰品两端的丝带在后发区两侧固定后在下方打蝴蝶结。

08 在后发区左侧佩戴花朵饰品，装饰造型。

09 在后发区右侧佩戴花朵饰品，装饰造型。

优雅气质新娘造型

⑬

造型重点解析：将刘海区两侧的
头发用蛋糕夹烫出弯度，使其呈
现波纹弧度，增加造型的表现力。

01 将刘海区两侧的头发用蛋糕夹烫出纹路，在头顶佩戴皇冠饰品。

02 将后发区中间的头发进行松散的三股辫编发。

03 将编好的发辫打卷并固定，将右侧发区及后发区右侧的头发盘绕在后发区中间的头发上。

04 将发尾调整好弧度后打卷并固定。

05 将左侧发区及后发区左侧的头发向后发区右侧连续扭转。

06 将扭转的头发在后发区右侧打卷并固定。

优雅气质新娘造型

14

造型重点解析：后发区位置的波纹夹用于临时固定，随后会对后发区的头发进行更细致的固定，使其轮廓更加优美。

01 留出刘海区的头发，将剩余头发收拢，用波纹夹在后发区位置固定。在后发区中间位置取头发，进行倒梳。

02 将倒梳好的头发向上打卷并固定。

03 将后发区左侧的头发进行倒梳，斜向上打卷并固定。

04 将后发区右侧的头发进行倒梳，斜向上打卷并固定。

05 对打卷的头发喷胶定型，待发胶干透后取下波纹夹。用发卡将后发区两侧的头发收拢并固定。

06 将刘海区的头发烫卷，用波纹夹将刘海区右侧的头发固定。

07 用尖尾梳辅助将头发向前推出弧度。

08 用波纹夹将推好的头发固定。

09 继续用尖尾梳辅助将头发推出弧度，将发尾收拢并固定。

10 将刘海区左侧的头发适当推出弧度并用波纹夹固定，将剩余的发尾在后发区位置收拢并固定。

11 喷胶定型，待发胶干透后取下波纹夹。

12 在头顶及后发区位置佩戴饰品，装饰造型。

优雅气质新娘造型

15

造型重点解析：推刘海区的波纹弧度时可以用波纹夹临时辅助固定，之后再用发卡细致固定。注意在用发卡固定头发的时候尽量隐藏发卡。

01 将所有头发烫卷，将后发区的头发扭转并固定。

02 将固定后的头发收拢后向上打卷。

03 将左侧发区的头发在后发区位置固定，取出右侧发区的头发。

04 将右侧发区的头发固定牢固。

05 将刘海区左侧的头发推出弧度并用波纹夹固定，喷胶定型，待发胶干透后取下波纹夹。

06 将刘海区右侧的头发推出弧度。

07 将推好弧度的头发用波纹夹固定，喷胶定型。

08 发胶干透后取下波纹夹并用发卡加强固定。

09 佩戴饰品，装饰造型。

优雅气质新娘造型

16

造型重点解析：处理此款造型时，要注意整体外轮廓的层次感,不要将头发梳理得过于光滑,这样整体造型会呈现自然生动的感觉。

01 将所有头发烫卷。对刘海区的头发喷胶定型。在喷胶的时候适当提拉发丝，使其更加饱满。

02 将后发区的头发扎成马尾。

03 调整马尾头发的层次。

04 将马尾中的头发在头顶位置收拢并固定。

05 固定之后对发丝层次进行适当调整。

06 佩戴饰品，装饰造型。

优雅气质新娘造型

造型重点解析：处理此款造型时，注意刘海区头发的摆放位置，应先向后扎成马尾再向前打卷并固定。

01 将刘海区的头发扎成马尾。

02 将马尾中的头发从后向前打卷并固定。

03 将右侧发区的头发向上提拉，扭转并固定。

04 将所有头发烫卷。将左侧发区的头发向上提拉，扭转并固定。

05 将固定之后剩余的发尾向上收拢成发髻。

06 将收拢的发尾固定。

07 将后发区剩余的头发扎成马尾。

08 将马尾中的头发收拢。

09 将收拢的头发向顶区方向打卷并固定。

10 调整造型的整体轮廓。

11 佩戴饰品，装饰造型。

12 调整两侧发丝并喷胶定型。

优雅气质新娘造型

18

造型重点解析：注意刘海区头发的层次感，不要将纹理弧度处理得过于光滑。

01 将所有头发烫卷，将右侧发区的头发在后发区位置扭转并固定。

02 将左侧发区的头发在后发区位置扭转并固定。

03 在后发区左侧取头发，向右侧盘绕，打卷并固定。

04 在后发区右侧取头发，向左侧提拉并固定。

05 将后发区剩余的头发向上扭转并固定。

06 将刘海区的发丝调整出层次并喷胶定型。

07 用尖尾梳将刘海区的头发适当调整出弧度。

08 继续用手将刘海区的头发调整出弧度。

09 将发尾在后发区位置固定。

10 佩戴饰品，装饰造型。

11 在头顶右侧佩戴花朵饰品，装饰造型。

12 在刘海弧度凹进去的位置佩戴花朵饰品，装饰造型。

⑲

造型重点解析：假发运用对于头发比较短的人来说是一种增加造型变化的有利方法。

01 将所有头发烫卷，将后发区中间位置的头发收拢并固定。

02 在后发区位置固定假发片。

03 用顶区位置的头发覆盖住假发片并固定。

04 将后发区右侧的头发向后发区中间收拢并固定，后发区左侧的头发以同样的方式操作。

05 将固定后剩余的发尾向上收拢并固定。

06 从假发片中分出一部分头发，向上打卷并固定。

07 继续从假发片中分出头发，向上打卷并固定。

08 将假发片中剩余的头发向上固定，最终形成后发区位置饱满的轮廓。

09 将右侧发区位置的头发处理出弧度，将发尾在后发区位置固定。

10 将刘海区的头发处理出弧度，要保留一些发丝层次。

11 将头发继续推出弧度，将剩余的发尾在后发区位置固定。

12 佩戴饰品，装饰造型。

优雅气质新娘造型

20

造型重点解析：在打卷的时候注意卷的立体感及交错感，使造型的结构更加丰富立体。

01 将所有头发烫卷，从顶区位置分出头发，打卷并固定。

02 将剩余的发尾继续打卷并固定。

03 从后发区位置继续取头发，进行打卷并固定。

04 继续固定头发，在固定的时候注意顶区轮廓的塑造。

05 继续将后发区位置的头发打卷并固定。

06 将右侧发区的头发向上提拉并固定。

07 继续将头发打卷后固定。

08 将剩余的发尾继续向上固定。

09 将左侧发区的头发推出弧度，将发尾打卷并固定。

10 将刘海区的头发打卷并固定。

11 将固定后剩余的发尾收拢后打卷并固定。

12 佩戴饰品，装饰造型。

优雅气质新娘造型

21

造型重点解析：佩戴发带饰品可以使前后发区的造型结构更好地衔接。

01 将所有头发烫卷，将顶区及部分后发区的头发扎成马尾。

02 用发网套住马尾中的头发。

03 将发网中的头发在后发区位置打卷并固定。

04 将后发区位置的头发向上打卷，收拢并固定。

05 将左侧发区的头发推出波纹弧度后固定。

06 将右侧发区的头发推出弧度，将发尾扭转，收拢并固定。

07 将后发区位置剩余的头发向上打卷并固定。

08 佩戴发带饰品，装饰造型。

优雅气质新娘造型

22

造型重点解析：用波纹夹辅助固定波纹有利于塑造弧度，同时可以使最后的固定更加牢固。

01 将所有头发烫卷。将后发区的头发用波纹夹固定，然后向右侧扭转并固定。

02 用波纹夹辅助固定后发区的头发并喷胶定型。

03 待发胶干透后取下波纹夹。

04 将左侧发区的头发推出弧度，用波纹夹固定并喷胶定型。

05 待发胶干透后取下波纹夹并用发卡加强固定。

06 将刘海区的头发推出弧度后用波纹夹固定。

07 喷胶定型，待发胶干透后取下波纹夹并用发卡加强固定。

08 调整后发区位置的发丝层次并喷胶定型。

09 佩戴帽子，装饰造型。

优雅气质新娘造型

23

造型重点解析：造型完成后需要调整发丝层次，尤其是后发区两侧的发丝纹理，这样可以使造型既复古又浪漫。

01 将所有头发烫卷，将顶区的头发及部分后发区的头发扎成马尾。

02 适当抽拉发丝，使顶区的造型轮廓更加饱满。

03 将马尾中的头发适当扭转，收拢并固定。

04 将左侧刘海区的头发推出波纹弧度。

05 将推好弧度的头发固定。

06 将右侧刘海区的头发推出波纹弧度。

07 将推好弧度的头发固定。

08 佩戴发带，装饰造型。

09 调整后发区两侧的发丝层次并喷胶定型。

优雅气质新娘造型

24

造型重点解析：在造型的时候，注意帽饰上花朵的摆放位置，应使其自然地对造型进行修饰。

01 将所有头发烫卷，将右侧发区的头发向后发区位置扭转。

02 将扭转好的头发在后发区位置固定。

03 将刘海区的头发在左侧发区位置用发卡固定。

04 将固定好的头发在后发区位置向上翻卷，将发尾打卷并固定。

05 从后发区右侧取头发，向左侧打卷。

06 将打好的卷固定。

07 继续从后发区分出一片头发，在左侧打卷。

08 将后发区剩余的头发在后发区右侧打卷。

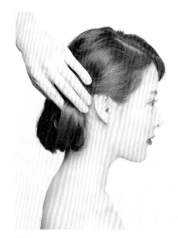

09 将打好的卷固定。

10 在头顶偏右侧位置佩戴帽子饰品。

11 将帽子饰品上的花朵固定在左侧发髻前方。

12 调整黑色网眼纱，适当对面部进行遮挡。

浪漫唯美新娘造型

01

造型重点解析：用色彩柔和的绢花饰品修饰卷曲的发丝，整体造型感觉浪漫飘逸。

01 将所有头发烫卷，将刘海区及少量顶区的头发向上提拉。

02 将提拉的头发向前固定，保留卷曲的发尾。

03 将左侧发区的头发扭转。

04 将扭转的头发向前推并固定。

05 将右侧发区的头发扭转，向前推并固定。

06 在后发区右侧取头发，向前提拉，扭转并固定。

07 继续在后发区右侧取头发，向上提拉，扭转并固定。

08 用尖尾梳倒梳后发区剩余的头发，将其调整好层次，进行适当的固定。

09 佩戴绢花饰品，装饰造型。

浪漫唯美新娘造型

造型重点解析：纱质的发带具有浪漫气息，编发能够让发丝纹理更加丰富，两者相互结合，使造型增添了唯美的感觉。

01 将所有头发烫卷，将右侧发区的头发进行三股辫编发。

02 将编好的头发适当抽出层次。

03 将抽好层次的头发向前提拉，在头顶位置固定。

04 从左侧发区取头发，进行三股辫编发并抽出层次，在头顶位置固定。

05 将左侧发区剩余的头发进行三股辫编发并抽出层次。

06 将抽好层次的头发向上提拉，在头顶位置固定。

07 从顶区位置取头发，进行三股辫编发并抽出层次。

08 将抽好层次的头发向上收拢，在头顶位置固定。

09 从后发区位置取部分头发，进行两股辫编发并抽出层次。

10 将抽好层次的头发向上提拉，在头顶位置固定。

11 将后发区剩余的头发进行两股辫编发并抽出层次，将抽好层次的头发向上提拉，在头顶位置固定。

12 佩戴发带饰品，装饰造型。

浪漫唯美新娘造型

造型重点解析：在编发中穿插装饰干花，让造型更具有唯美的感觉。在编发的时候保留一些松散的发丝，会使造型看上去更加自然生动。

01 将所有头发烫卷，将刘海区的头发向右进行三股两边带编发。

02 将编好的头发适当抽出层次，在右侧发区位置固定。

03 从顶区位置向右进行三股两边带编发。

04 将编好的头发适当抽出层次。

05 将抽好层次的头发在右侧发区位置固定。

06 将左侧发区的头发进行鱼骨辫编发，抽出层次后固定。

07 从顶区位置取头发进行编发。

08 将部分后发区的头发编入其中。

09 将编好的头发向右侧发区方向收拢并固定。

10 将后发区位置的部分头发扭转并适当抽出层次，向上固定。

11 将后发区剩余的头发进行三股辫编发并适当抽出层次，收拢并固定。

12 佩戴干花饰品，装饰造型。

浪漫唯美新娘造型

造型重点解析：佩戴好发带后，用发丝对发带进行修饰，使饰品与造型的结合更加协调。后发区下方的头发编发后要抽出纹理，这样可以使整体造型更加饱满。

01 将所有头发烫卷，将左侧发区的头发向后扭转并固定。

02 将右侧发区的头发向后扭转并固定。

03 将后发区下方的头发左右交叉后固定。

04 对头顶位置的头发进行倒梳。

05 调整头顶位置头发的发丝层次。

06 将刘海区及两侧发区剩余的发丝烫卷后调整层次。

07 对发丝细节进行调整。

08 在头顶位置佩戴发带。

09 用发丝适当对发带进行遮挡。

10 将后发区左侧的头发进行两股辫编发并适当抽出层次。

11 将抽好层次的头发向上提拉并固定。

12 将后发区剩余的头发进行两股辫编发并适当抽出层次，在头顶位置固定。

浪漫唯美新娘造型

造型重点解析：编发纹理不一定要完全呈现在造型表面，编发可以使造型具有更丰富的层次感。

01 将所有头发烫卷，将刘海区位置的头发进行瀑布辫编发。

02 编至右侧发区位置收尾固定。

03 将刘海区编发后剩余的头发向上翻卷并固定。

04 继续将刘海区编发后剩余的头发向上翻卷并固定。

05 将左侧发区的头发进行瀑布辫编发。

06 继续向后发区方向进行瀑布辫编发。

07 编好瀑布辫之后将头发适当抽出层次。

08 将编发后剩余的头发向上打卷并固定。

09 从后发区右侧取头发，向上提拉，在后发区左侧固定。

10 将后发区剩余的头发进行两股辫编发并抽出层次。

11 将抽好层次的头发向后发区右侧固定。

12 佩戴饰品，装饰造型。

浪漫唯美新娘造型

造型重点解析：用蕾丝发饰与花朵结合可以增添造型的浪漫感觉，一般这样的饰品会搭配发丝有层次的造型。注意发丝的纹理感，不可处理得太光滑。

01 将所有头发烫卷，从右侧发区开始向后发区方向进行三股一边带编发。

02 将后发区及左侧发区的部分头发编入其中。

03 将编好的头发向上打卷，收拢并固定。

04 将右侧发区剩余的头发及部分后发区的头发进行两股辫编发并抽出层次。

05 将抽好层次的头发向上提拉，在后发区位置固定。

06 在后发区左侧取头发，进行两股辫编发并适当抽出层次。

07 将抽好层次的头发向头顶位置提拉并固定。

08 将左侧发区的头发进行两股辫编发并适当抽出层次。

09 将抽好层次的头发向头顶位置提拉。

10 将提拉的头发在头顶位置固定。

11 将后发区剩余的头发进行两股辫编发并抽出层次，向上提拉并在后发区位置固定。

12 佩戴饰品，装饰造型。

浪漫唯美新娘造型

造型重点解析：刘海区的发丝要对饰品起到修饰作用，使饰品呈现半隐半现的感觉，这样可以使造型更富有层次感。

01 将所有头发烫卷，从顶区位置取头发，三股交叉。

02 向后发区方向进行三股两边带编发。

03 将编好的头发适当抽出层次。

04 在发尾位置用皮筋固定。

05 将左侧发区的头发进行两股辫编发并抽出层次。

06 将抽好层次的头发在后发区下方固定。

07 将右侧发区的头发进行两股辫编发并抽出层次,在后发区下方固定。

08 将部分刘海区的头发向左侧发区方向进行两股辫编发并适当抽出层次。

09 将抽好层次的头发在后发区左侧固定。

10 将部分刘海区的头发向右侧发区方向进行两股辫编发并抽出层次,在后发区右侧固定。

11 在头顶位置佩戴花朵饰品,装饰造型。将刘海区剩余的发丝向上整理出纹理。

12 用小碎花在后发区位置进行装饰。

浪漫唯美新娘造型

造型重点解析：佩戴好饰品后，调整发丝这一步骤很重要，有层次的发丝可以塑造整个造型的饱满度。两侧发区位置的发丝不要过于一致，要有一些随意感。

01 将后发区和两侧发区的发尾烫卷。在后发区位置用波纹夹横向固定头发。

02 将固定后的头发向上推出弧度后用波纹夹再次固定。

03 继续将固定后的头发向上推出弧度，用波纹夹再次固定。

04 将发尾在后发区左侧固定。为后发区的头发喷胶定型。

05 用电卷棒将刘海区的头发烫卷待用。

06 待后发区的发胶干透后取下波纹夹。

07 在细节位置用发卡固定。

08 将右侧发区的头发进行两股辫编发并适当抽出层次，在后发区位置固定。

09 将左侧发区的头发进行两股辫编发并适当抽出层次。

10 将抽好层次的头发在后发区位置固定。

11 在头顶位置佩戴饰品。调整刘海区的发丝层次并喷胶定型。

12 调整造型整体的轮廓层次。

造型重点解析：网纱和蕾丝蝴蝶的质感都很轻盈，两者相互搭配可以使造型的浪漫感得到提升，整体效果柔和唯美。

01 将所有头发烫卷，将顶区位置的头发扎成马尾。

02 将马尾中的头发在顶区位置收拢后固定。

03 将部分刘海区及右侧发区的头发进行两股辫续发编发。

04 将编好的头发适当抽出层次后在后发区位置固定。

05 将左侧发区的头发进行两股辫续发编发并抽出层次，在后发区位置固定。

06 将刘海区及右侧发区剩余的头发进行两股辫续发编发。

07 将编好的头发适当抽出层次。

08 将抽好层次的头发提拉至后发区左侧固定。

09 将后发区剩余的头发进行两股辫编发并适当抽出层次。

10 将抽好层次的头发向上收拢并固定。

11 在头顶位置将网纱抓出褶皱层次并固定。

12 佩戴蕾丝蝴蝶饰品，装饰造型，再将蕾丝发带在下颌位置系成蝴蝶结。

浪漫唯美新娘造型 ❿

造型重点解析：此款造型中，刘海区的发丝是从其他发区借过来的，这样的处理方式可以使刘海区的发丝更具有层次感和纹理感。与蕾丝及羽毛饰品结合，整体造型更加浪漫唯美。

01 将所有头发烫卷，将后发区及顶区的头发在后发区位置扎成马尾。

02 将马尾中的头发进行三股辫编发。

03 将编好的头发向上打卷，收拢并固定。

04 将两侧发区的头发在头顶位置收拢并固定在一起。

05 用电卷棒将头发烫卷。

06 将烫好卷的头发向下压并用发卡固定。

07 将固定后的头发向上拉并用发卡固定。

08 在头顶位置佩戴蕾丝发带。

09 在发带基础上佩戴饰品，装饰造型。

10 用发丝对饰品进行适当修饰。

11 继续在头顶位置佩戴饰品，装饰造型。

浪漫唯美新娘造型 ⑪

造型重点解析：后发区位置的头发主要用来支撑帽子。这款造型的重点是刘海区和两侧发区的发丝层次感，再加上简洁的造型结构与麻质帽子，整个造型简约大气。

01 将所有头发烫卷。从右侧发区位置取头发，向后发区方向进行两股辫续发编发。

02 将部分后发区的头发编入其中，将编好的头发向上打卷，收拢并固定。

03 从顶区位置取头发，进行两股辫编发。

04 将编好的头发适当抽出层次。

05 将抽好层次的头发在头顶位置固定。

06 将左侧发区及部分后发区的头发进行两股辫编发，将编好的头发适当抽出层次。

07 将抽好层次的头发向上提拉，收拢并固定。

08 将后发区中间的一部分头发进行两股辫编发，将编好的头发适当抽出层次。

09 将抽好层次的头发向后发区右上方固定。

10 将后发区剩余的头发进行两股辫编发并适当抽出层次，向上提拉并固定。

11 用电卷棒将刘海区和两侧发区的头发烫卷并调整发丝层次。

12 在头顶位置佩戴帽子饰品，装饰造型。

浪漫唯美新娘造型

12

造型重点解析：在处理这款造型的时候，要注意自然随意感的塑造，发丝不要固定得过紧，注意造型整体的饱满度。

01 将所有头发烫卷。将顶区的头发收紧，并适当将发丝抽出层次，使顶区更加饱满。

02 将顶区抽好层次的头发固定，将剩余的发尾收拢，再次固定后抽出层次。

03 将后发区右侧的头发进行两股辫编发，向后发区左上方收拢并固定。

04 将后发区左侧的头发进行两股辫编发并适当抽出层次，使其更加饱满。

05 将抽好层次的头发在后发区右上方固定。

06 在头顶位置适当取头发并抽出层次。

07 将抽好层次的头发在头顶位置固定。

08 将左侧发区的头发适当调整出层次并固定。

09 将右侧发区的头发适当调整出层次并固定。

10 在后发区下方抽出一些散落的发丝，使造型更具有灵动感。

11 佩戴饰品，装饰造型。

12 调整发丝层次，对饰品进行适当的修饰。

浪漫唯美新娘造型

13

造型重点解析：注意头顶位置发丝的饱满度，发丝的饱满度对造型的协调感有着非常重要的作用。

01 将所有头发烫卷，调整刘海区的头发层次。

02 将顶区的头发适当抽出层次。

03 将抽好层次的头发在后发区位置固定。

04 将后发区左侧的头发适当倒梳，使其更具有层次感。

05 将后发区右侧的头发适当倒梳，使其更具有层次感。

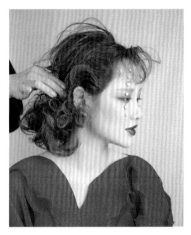

06 在后发区左右两侧将头发适当收拢并固定。

07 佩戴发带，装饰造型。

08 适当用刘海区的发丝修饰发带，使两者之间的结合更加自然。

浪漫唯美新娘造型

⑭

造型重点解析：处理此款造型的时候，首先要用19号电卷棒将所有头发烫卷，使其具有卷曲的纹理。

01 将所有头发烫卷，将左侧发区的头发调整出层次并固定。

02 将刘海区的头发进行倒梳。

03 将倒梳好的头发调整出层次。

04 将调整好层次的头发喷胶定型。

05 在右侧发区取一部分头发，收拢并固定，保留发尾的层次。

06 将剩余的头发调整出层次。

07 将调整好层次的头发固定。

08 将顶区位置的头发调整出层次，使其更加饱满。

09 将调整好层次的头发固定。

10 调整后发区位置垂落头发的层次，使其呈现自然卷曲的状态。

11 佩戴饰品，装饰造型。

12 继续佩戴饰品，装饰造型。

浪漫唯美新娘造型

15

造型重点解析：在处理这款造型的时候，注意发丝要呈现乱而有序的层次感，尤其是两侧的发丝，不要处理得过于规整，要表现出随意感。

01 将所有头发烫卷。从后发区位置取发丝，向上提拉并适当喷胶定型。

02 将喷胶后的头发提拉至顶区位置并收拢。

03 将收拢好的头发用发卡固定。

04 在左侧发区取部分头发，向上翻卷并固定。

05 将左侧发区剩余的发丝向上收拢，保留发尾发丝层次并固定。

06 将右侧刘海区的头发整理出层次感，向顶区位置提拉并固定。

07 将右侧发区的头发向顶区位置收拢并固定。

08 调整左侧的发丝层次并喷胶定型。

09 调整右侧的发丝层次并喷胶定型。

浪漫唯美新娘造型

16

造型重点解析：处理此款造型时，注意用饰品弥补造型缺陷，以及协调造型前后关系。

01 将所有头发烫卷，将顶区位置的头发向上提拉并倒梳。

02 将倒梳好的头发在后发区位置固定，增加造型的饱满度。

03 在后发区右侧取头发，向上打卷并固定。

04 将后发区剩余的头发向上打卷并固定。

05 在刘海区取小碎发，配合啫喱膏打卷，修饰额头。

06 将左侧发区的头发连续打卷并固定。

07 用尖尾梳辅助将刘海区的头发推出弧度并固定。

08 继续用尖尾梳辅助将头发推出弧度并固定。

09 将剩余的头发推出弧度。

10 在后发区位置固定发尾。

11 佩戴花朵饰品，装饰造型。

12 佩戴头纱，装饰造型。

浪漫唯美新娘造型

17

造型重点解析：处理此款造型时，注意保持发丝乱而有序的层次感，不要将头发整理得过于光滑。

01 将所有头发烫卷，将顶区位置的头发收拢并固定。

02 将后发区位置的头发向上收拢并固定。

03 将顶区位置与后发区位置的头发收拢在一起并固定。

04 在右侧发区取部分发丝，向头顶位置固定，左侧发区以同样的方式操作。

05 调整刘海区及两侧发区剩余发丝的层次。

06 佩戴饰品，装饰造型。

浪漫唯美新娘造型

18

造型重点解析：将刘海区的头发
打卷时，注意塑造饱满的弧度，
这样可以与饰品更好地结合。

01 将所有头发烫卷，将后发区右侧的头发向上扭转并固定。

02 固定之后将发尾打卷。

03 继续在后发区位置分出头发，打卷并固定。

04 固定之后将剩余的发尾向上打卷并固定。

05 从后发区位置继续取头发，向上打卷并固定。

06 将刘海区的头发梳顺，向下打卷并固定。

07 继续将发尾打卷并固定，将剩余的发尾向上翻卷并固定。

08 将固定后剩余的发尾在后发区位置打卷并固定。

09 佩戴花朵饰品，装饰造型。

浪漫唯美新娘造型

19

造型重点解析：在造型之前，需
要根据想要的发丝卷曲度选择合
适的卷发棒烫发。

01 将所有头发烫卷，并分多片用皮筋扎成马尾。

02 继续分片固定头发，注意固定的牢固度。

03 将后发区位置的头发分片向上打卷。

04 继续将后发区的头发分片向上打卷，注意后发区造型轮廓的饱满度。

05 将左右两侧马尾中的头发调整好层次后固定。

06 佩戴饰品，装饰造型。

浪漫唯美新娘造型

20

造型重点解析：真假发结合可以塑造出更多的造型样式，在此款造型中，注意选择可烫的假发片使用。

01 将真发烫卷后，在后发区位置固定假发片。

02 将假发用电卷棒烫卷。

03 将后发区的发尾收拢并固定。

04 调整后发区位置的发丝层次，使真假发结合得更加自然。

05 调整左右两侧发区的发丝层次。

06 调整好层次后喷胶定型。

07 调整刘海区的发丝层次，细节位置用发卡固定。

08 佩戴饰品，装饰造型。

浪漫唯美新娘造型

21

造型重点解析：在倒梳之后可以适当喷胶定型。要保留发丝的自然层次感，不要将其处理得过于凌乱。

01 将所有头发烫卷，将顶区的头发扭转，收拢并固定。

02 调整右侧刘海区的头发层次。

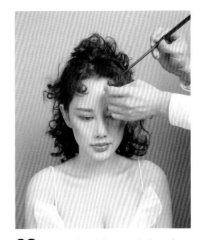

03 调整左侧刘海区的头发层次。

04 用尖尾梳对后发区左侧的头发进行倒梳，使其更具有层次感。

05 用尖尾梳对后发区右侧的头发进行倒梳，使其更具有层次感。

06 在头顶位置佩戴花朵饰品，装饰造型。

07 在后发区位置佩戴花朵饰品，装饰造型。

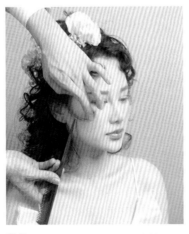

08 用小发丝对面部进行修饰。

浪漫唯美新娘造型

造型重点解析：注意两侧发区位置发丝的翻卷角度，应该对面部产生一定的修饰作用。

01 将所有头发烫卷，从顶区位置开始取头发，进行三股辫续发编发。

02 将后发区的头发编入其中，然后将编好的头发适当抽出层次。

03 用皮筋将编好的头发固定。

04 从刘海区位置取头发，向后发区右侧进行两股辫编发。

05 将编好的头发适当抽出层次。

06 将抽好层次的头发在后发区位置固定。

07 将后发区右侧的头发进行两股辫编发并抽出层次。

08 将抽好层次的头发在后发区位置固定。

09 将后发区左侧的头发进行两股辫编发并抽出层次。

10 将抽好层次的头发在后发区位置固定。

11 将刘海区的头发调整出层次，喷胶定型。

12 佩戴饰品，装饰造型。

浪漫唯美新娘造型

23

造型重点解析：注意刘海区位置的发丝弧度，要对额头位置进行修饰。不要将头发梳理得过于光滑，应该适当保留一些层次感。

01 将所有头发烫卷，用定位夹将头发根据想要的轮廓固定，然后喷胶定型。

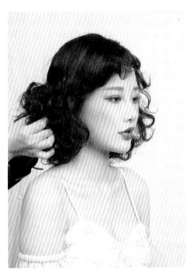

02 待发胶干透后取下波纹夹，调整两侧发区位置的发丝层次。

03 将刘海区的头发摆出自然的弧度，修饰额头。

04 在后发区位置用发卡固定头发。

05 调整两侧发区位置发丝的弧度和走向。

06 佩戴花朵饰品，装饰造型。

大气雅致新娘造型

01

造型重点解析：这款造型的要点是将假发片隐藏在真发中，然后与真发结合在一起编发。假发的色彩与真发不同，可以使完成的造型更具有层次感。这种处理方式适合发量不够多和发色过深的人使用。

01 将所有头发烫卷，在后发区位置固定假发片。

02 在左侧发区位置固定假发片。

03 在刘海区位置固定假发片。

04 将后发区下方的头发扭转，收拢后固定。

05 将顶区和后发区剩余的大部分头发扭转并收拢。

06 将左侧发区的头发向后收拢并固定。

07 将右侧发区的一部分头发进行两股辫编发。

08 将编好的头发适当抽出层次后在后发区右侧固定。

09 将刘海区的头发向后整理出层次，将右侧发区剩余的头发进行两股辫编发。

10 将编好的头发适当抽出层次后在后发区位置固定。

11 佩戴饰品，装饰造型。

大气雅致新娘造型

02

造型重点解析：这是一款简约大气的造型，用复古气息浓郁的金色饰品装饰，使整体感觉大气复古。

01 用尖尾梳将头发表面梳理得光滑干净。

02 用电卷棒将所有头发烫卷。

03 将头发左右分开，用波纹夹固定发卷并喷胶定型。

04 定型之后取下波纹夹。

05 将金色链子从面部缠绕至头顶，装饰造型。

06 在两侧佩戴金色蜻蜓饰品，装饰造型。

大气雅致新娘造型

造型重点解析：这是一款整体呈银色调的复古大气的造型。用银色饰品修饰波纹造型，与银色服装搭配。整体造型呈现冷艳大气的感觉。

01 将所有头发烫卷，将后发区的头发用皮筋松散地固定。

02 将固定后的头发适当向上提拉并向下打卷。

03 将打好卷的头发固定。

04 将右侧发区的头发向后提拉，在后发区位置扭转并固定。

05 将左侧发区的头发在后发区位置扭转并固定。

06 将左侧刘海区的头发用尖尾梳推出弧度并固定。

07 继续将头发向下推出弧度。

08 将发尾向后扭转并在左侧发区位置固定。

09 用尖尾梳将右侧刘海区的头发推出弧度并固定。

10 继续将头发向下推出弧度。

11 将发尾向后扭转并在右侧发区位置固定。

12 佩戴饰品，装饰造型。

大气雅致新娘造型

造型重点解析：后发区位置的头发以编发的形式修饰造型轮廓，可以根据饱满度的需要来改变编发的松紧度。华丽的头饰与经典的波纹结合，整体感觉复古大气。

01 将所有头发烫卷，将后发区的头发在较低的位置扎成马尾。

02 将刘海区的头发用波纹夹向右固定。

03 用尖尾梳将刘海区的头发推出弧度。

04 将推好的弧度用波纹夹固定，继续推出弧度。

05 将头发继续用尖尾梳推出弧度后固定。

06 将剩余的发尾在右侧发区位置打卷并固定。

07 保留左侧刘海区的头发，将左侧发区的头发与后发区的马尾固定在一起。

08 将左侧刘海区的头发用尖尾梳推出弧度。

09 将剩余的发尾在左侧发区位置打卷并固定。

10 从后发区马尾中取部分头发，进行三股辫编发。将编好的头发经左侧向头顶位置固定。

11 将马尾中剩余的头发以同样的方式操作，经右侧向头顶位置固定。

12 佩戴饰品，装饰造型。

大气雅致新娘造型

05

造型重点解析：这款造型整体呈现简约大气的感觉，刘海区的纹理发丝与复古的金色头饰完美结合。注意后发区位置的造型处理，这样的手法可以使后发区造型轮廓更加饱满。

01 将顶区及部分后发区的头发向上提拉并用发卡固定。

02 用手将固定后的头发收拢。

03 将收拢的头发向下打卷，收拢并固定。

04 将右侧发区的头发在后发区位置打卷并固定。

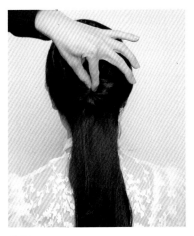

05 将左侧发区的头发在后发区位置打卷并固定。

06 将后发区下方的头发向上翻卷并固定。

07 将固定后剩余的发尾向后发区下方扭转并固定。

08 将剩余的发尾向上扭转，收拢并固定。

09 用尖尾梳梳理刘海区的头发，调整发丝纹理。

10 用尖尾梳调整发丝弧度。

11 继续调整发尾弧度，在面颊处固定。

12 佩戴饰品，装饰造型。

大气雅致新娘造型

造型重点解析：此款造型用简约的发丝纹理与复古帽饰相互结合，需要注意的是，后发区位置的造型同样要具有饱满度和发丝纹理感，这样才能与帽饰更好地结合。

01 将所有头发烫卷，将顶区位置的头发在头顶位置收拢并固定。

02 将右侧刘海区的头发进行两股辫编发。

03 将编好的头发适当抽出层次。

04 将抽好层次的头发在后发区位置固定。

05 将右侧发区的头发进行两股辫编发并抽出层次。

06 将抽好层次的头发带至后发区位置。

07 将带到后发区位置的头发扭转并固定。

08 将后发区中间位置的头发向上收拢并固定。

09 从左侧发区取部分头发，进行两股辫编发并抽出层次，在后发区位置固定。

10 将左侧发区剩余的头发进行两股辫编发并抽出层次，在后发区位置固定。

11 将后发区剩余的头发进行两股辫编发并适当抽出层次，在后发区位置收拢并固定。

12 在头顶位置佩戴帽子饰品，装饰造型。

大气雅致新娘造型

 07

造型重点解析：这款造型看似简单，其实处理起来有一定难度。注意要让饰品与发丝之间自然结合，彼此之间有穿插感，并且发丝不要过于凌乱。

01 将所有头发烫卷。将后发区的头发向上提拉，扭转并固定。

02 将顶区的头发进行两股辫编发并抽出层次。

03 将抽好层次的头发固定。

04 将右侧发区的头发进行两股辫编发并抽出层次。

05 将抽好层次的头发在头顶位置固定。

06 将右侧发区部分头发进行两股辫编发并抽出层次，在头顶位置固定。

07 在头顶位置固定饰品。

08 将刘海区的头发适当抽出层次。

09 继续将刘海区的头发向上提拉并抽出层次。

10 将头发向上提拉，在头顶位置固定。

11 将左侧剩余的发丝抽出层次并固定。

12 将右侧剩余的发丝抽出层次并固定。

大气雅致新娘造型

08

造型重点解析：造型与饰品之间要自然结合才能得到完美效果。这款造型的帽子饰品样式比较夸张，所以不适合在造型上运用过多的手法。此款造型用简单的发丝层次与帽子饰品搭配，呈现复古大气的感觉。

01 将所有头发烫卷。将顶区及后发区的头发进行三股辫编发，收拢在一起。

02 将编好的头发向上提拉，在后发区位置固定。

03 将右侧发区的部分头发进行两股辫编发并抽出层次。

04 将编好的头发向上提拉，在头顶位置固定。

05 从左侧发区取部分头发，向上提拉并进行两股辫编发，将编好的头发适当抽出层次。

06 将抽好层次的头发在头顶位置固定。

07 保留部分发丝，将左侧发区剩余的头发进行两股辫编发，将编好的头发抽出层次。

08 将抽好层次的头发向上提拉，在头顶位置固定。

09 用尖尾梳倒梳剩余发丝，使其更具有层次感。

10 用尖尾梳调整左侧发区的发丝层次。

11 用尖尾梳调整右侧发区的发丝层次。

12 佩戴帽子饰品，装饰造型。

造型重点解析：此款造型更加注重两侧的饱满度，注意造型结构之间的结合，发丝不要收得过紧，与复古帽饰搭配，使整体造型大气唯美。

01 将所有头发烫卷，将刘海区的头发打卷并固定。

02 在顶区位置取头发，向右侧发区方向打卷，将打好的卷适当调整出层次并固定。

03 从左侧发区位置取头发，向上打卷并固定。

04 继续从左侧发区位置取头发，打卷并固定。

05 将左侧发区剩余的头发向前打卷并固定。

06 从后发区左侧取头发，进行两股辫编发。

07 将编好的头发适当抽出层次。

08 将抽好层次的头发在左侧发区位置收拢并固定。

09 将右侧发区剩余的头发以同样的方式操作并固定。

10 将后发区右侧的头发调整好层次，在右侧向上收拢并固定。

11 将后发区剩余的头发向上收拢并固定。

12 在右侧发区位置佩戴帽子饰品，装饰造型。

大气雅致新娘造型

❿

造型重点解析：这是一款短发波纹造型，在处理短发造型的时候，可以利用饰品来解决造型结构不饱满的问题。这款造型利用帽子遮挡后发区，使造型轮廓更加饱满。

01 将所有头发烫卷，将顶区的头发向上提拉，收拢并固定。

02 将后发区下方的头发向上收拢并固定。

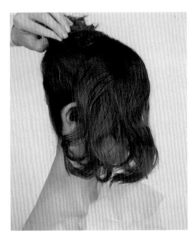

03 将右侧发区的头发向上收拢并固定。

04 将左侧发区的头发向上收拢并固定。

05 将左侧刘海区的头发用尖尾梳推出弧度。

06 将推出弧度的头发固定后，继续在左侧发区位置推出弧度。

07 将剩余的发尾在左侧发区位置固定。

08 将右侧刘海区的头发推出弧度后固定。

09 继续将头发在右侧发区位置推出弧度。

10 将剩余的发尾继续推出弧度。

11 将剩余的发尾在右侧发区位置固定。

12 在头顶位置佩戴帽子饰品，装饰造型。

大气雅致新娘造型

11

造型重点解析：在用波纹夹塑造造型弧度前，需要先对头发进行充分的烫卷，这样更利于塑造弧度，否则出现的弧度会显得生硬、不完美。

01 用尖尾梳将前后发区分开。

02 将后发区的头发烫卷，在后发区位置用波纹夹暂时固定头发。

03 用尖尾梳将后发区的头发从左向右推出弧度，用波纹夹固定。

04 将剩余的发尾打卷并固定，喷胶定型。

05 将右侧发区及左侧刘海区的头发用电卷棒烫卷，用气垫梳将烫好的头发梳顺。

06 待后发区的发胶干透后取下波纹夹。

07 将右侧发区的头发推出弧度后用波纹夹固定。

08 将右侧发区的头发在下颌骨处用波纹夹固定。

09 在后发区下方将右侧发区剩余的发尾固定。

10 将左侧刘海区的头发用波纹夹固定。

11 固定之后将剩余的发尾继续扭转，在后发区固定，待发胶干透后取下波纹夹。

12 佩戴饰品，装饰造型。

大气雅致新娘造型

⑫

造型重点解析：此款造型的刘海造型不是传统意义的手推波纹，而是手推波纹与打卷的结合，要注意不同造型手法之间的结合，也要注意固定的牢固度。

01 将所有头发烫卷，将右侧刘海区的头发用波纹夹固定。

02 用尖尾梳将头发适当推出弧度后用发卡固定。

03 将固定之后剩余的发尾向前打卷并固定。

04 将固定之后剩余的发尾向上打卷并固定。

05 将左侧发区的头发向前打卷并固定。

06 将固定之后剩余的发尾向上打卷并固定。

07 将后发区左侧的头发整理干净并向下打卷。

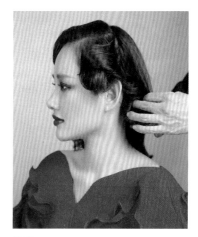

08 将打好卷的头发固定。

09 将后发区右侧的头发整理干净并向下打卷。

10 将打好卷的头发固定。

11 佩戴饰品，装饰造型。

大气雅致新娘造型

13

造型重点解析：这是一款简洁的中分发型，处理此款造型时，注意刘海区发丝的光滑感和弧度。

01 将所有头发烫卷，将后发区位置的头发扎成马尾。

02 将马尾中的头发松散地进行三股辫编发。

03 将编好的头发向上打卷，收拢并固定。

04 用尖尾梳将左侧刘海区的头发梳理光滑。

05 将发尾在后发区位置固定。

06 用尖尾梳将右侧刘海区的头发梳理光滑，将发尾在后发区位置固定。

07 在左侧发区取出小发丝，喷胶定型。

08 在右侧发区取出小发丝，喷胶定型。

大气雅致新娘造型

14

造型重点解析：处理此款造型时，注意刘海区及两侧发区的发丝要有自然的纹理，不要梳理得过于光滑，否则会显得老气。

01 将所有头发烫卷，将后发区右侧的头发扭转，收拢后固定。

02 将后发区左侧的头发扭转，收拢并固定。

03 将左侧发区的头发整理出层次，向后发区位置固定。

04 将右侧发区的头发整理出层次，向后发区位置固定。

05 将右侧刘海区的头发抽出层次，使其具有自然的纹理。

06 将抽出层次的头发调整好弧度并喷胶定型。

大气雅致新娘造型

15

造型重点解析：将马尾中的头发分片打卷时，要注意发卷的摆放位置，最终应形成饱满的轮廓。

01 将所有头发烫卷，将后发区位置的头发扎成马尾。

02 将马尾中的头发分片用发网收拢。

03 将发网边缘在头顶位置固定。

04 将发网中的头发分片打卷并固定，形成一个饱满的发髻。

05 将左侧发区的头发向后发区位置固定。

06 将刘海区的头发向右侧梳理，在右耳上方适当向上扭转，然后向后发区方向收拢。

07 将收拢的头发在后发区位置固定，将剩余的发尾在后发区位置打卷并固定。

08 佩戴饰品，装饰造型。

大气雅致新娘造型

16

造型重点解析：用电卷棒烫发丝的时候，需要根据想要的发丝走向来调整烫卷的角度。

01 用电卷棒将两侧发区的发丝烫卷。

02 用电卷棒将顶区及后发区的发丝烫卷。

03 将右侧发区的发丝喷胶定型。

04 将刘海区的发丝喷胶定型。

05 将左侧发区的发丝喷胶定型。

06 在左侧发区位置取发丝，将其喷胶定型，增加造型灵动感。

07 在左侧发区位置取发丝，对面部进行修饰。

08 在右侧发区位置佩戴花朵饰品，装饰造型。

09 继续佩戴花朵饰品，并用发丝对其进行修饰。

造型重点解析：分片将头发扎成马尾有利于使造型更丰富立体，更有层次感。

01 将所有头发烫卷，将顶区及后发区的头发用皮筋分片扎成马尾。

02 将右侧发区的头发进行两股辫编发并调整发丝层次。

03 将编好的头发向后发区左侧固定。

04 将左侧发区的头发进行两股辫编发并抽出层次。

05 将编好的头发向后发区右侧固定。

06 分别将马尾中的头发用发网套住。

07 将马尾中的头发在顶区位置打卷并固定。

08 继续将马尾中的头发在顶区位置打卷并固定。

09 继续将马尾中的头发打卷并固定。

10 将打卷的头发固定之后，对造型轮廓进行调整。

11 调整左侧发区的发丝层次并喷胶定型，右侧发区以同样的方式操作。

12 对刘海区的发丝进行喷胶定型，使造型更具有层次感。

大气雅致新娘造型

18

造型重点解析：在基本造型完成后，对刘海及两侧发区的发丝进行二次烫卷，使造型更有层次感。

01 将所有头发烫卷，从顶区位置取头发，进行两股辫编发，抽出层次后固定。

02 从顶区右侧取头发，进行两股辫编发，抽层次后固定。顶区左侧的头发以同样的方式进行操作。

03 将后发区右上方的头发进行两股辫编发，抽出层次后固定。

04 将后发区左上方的头发进行两股辫编发，抽出层次后固定。

05 将刘海区的发丝抽出层次。

06 将左侧发区的头发进行两股辫编发，抽出层次后向后发区固定。

07 将右侧发区的头发进行两股辫编发，抽出层次后向后发区固定。

08 用电卷棒对刘海区及外轮廓发丝烫卷。

09 佩戴饰品，装饰造型。

大气雅致新娘造型

19

造型重点解析：处理此款造型时注意刘海区位置头发的弧度感和层次感，不要梳理得过于生硬。

01 用电卷棒将头发烫卷。

02 在烫卷的时候注意要烫到发根位置。

03 对头发进行简单的喷胶定型。

04 将右侧刘海区位置的头发推出自然的弧度后固定。

05 将刘海区头发的发尾与右侧发区的头发结合收拢并固定。

06 在左侧刘海区位置取发丝,将其整理出弧度,修饰额头位置。

07 将左侧发区的头发向耳后位置收拢并固定。

08 在后发区位置用波纹夹固定头发,使其呈现自然的弧度。

09 为后发区的头发喷胶定型,待发胶干透后取下波纹夹。

10 为两侧发区的头发喷胶定型并整理出层次感。

11 佩戴饰品,装饰造型。

大气雅致新娘造型

20

造型重点解析：注意刘海区头发的波纹弧度，要尽量伏贴、干净，这样与复古的帽饰可以更好地搭配。

01 将所有头发烫卷，将顶区及左侧发区的头发在后发区位置扎成马尾。

02 将扎好马尾的头发向上打卷。

03 将打好卷的头发固定。

04 将后发区的头发向上打卷并固定。

05 整理好后发区轮廓，用U形卡固定。

06 将刘海区的头发推出波纹。

07 将剩余的发尾在右侧发区位置打卷并固定。

08 佩戴帽子，装饰造型。

大气雅致新娘造型

21

造型重点解析：可以将分片用皮筋固定的头发事先用电卷棒烫卷，这样可以使头发更具有层次感，更利于造型。

01 将所有头发烫卷，将顶区的头发在后发区位置扎成马尾。

02 将马尾中的头发用发网套住。

03 将套上发网的头发收拢并固定。

04 将剩余的头发分成多束，分别用皮筋扎成马尾。

05 将刘海区位置扎好的头发保留发丝层次，收拢并固定。

06 将右侧发区的头发以同样的方式操作。

07 将左侧发区的头发以同样的方式操作。

08 在头顶位置佩戴蕾丝饰品，装饰造型。

09 在两侧发区位置佩戴蝴蝶饰品，装饰造型。

大气雅致新娘造型

22

造型重点解析：处理此款造型时，注意刘海区打卷的弧度要饱满立体，这样才能与帽子之间更好地搭配。

01 将所有头发烫卷，将后发区及右侧发区的头发进行两股辫编发。

02 将编好的头发在后发区位置收拢并固定。

03 将刘海区的头发梳理干净，向下打卷并固定。

04 将固定后剩余的发尾继续在右侧打卷并固定。

05 将固定后剩余的发尾继续在右侧打卷并固定。

06 将发尾在右侧发区位置收拢并固定。

07 将左侧发区的头发向后打卷并固定。

08 将剩余的发尾在后发区位置扭转并固定。

09 佩戴帽子饰品，装饰造型。

大气雅致新娘造型

23

造型重点解析：处理此款造型时，先用波纹夹固定头发，使其呈现自然的纹理，然后盘发，这样得到的纹理是徒手操作难以得到的。

01 用电卷棒将所有头发烫卷。

02 用气垫梳将头发梳开，使其更加蓬松自然。

03 将头发向右侧梳拢。

04 将刘海区的头发向后梳理。

05 用气垫梳将发尾梳理得蓬松且弧度自然。

06 将刘海区的头发推出弧度后用波纹夹固定。

07 将发尾推出弧度后用波纹夹固定，将头发整理得更加自然。

08 对头发进行喷胶定型。

09 将波纹夹取下。

10 将头发自然地向后打卷。

11 将打好卷的头发在后发区位置固定。

12 佩戴饰品，装饰造型。

大气雅致新娘造型

24

造型重点解析：处理此款造型时，注意倒梳要到位，这样不但可以使发量增加，同时还可以使顶区的饱满度更好。

01 将所有头发烫卷，将后发区右侧的头发向左侧提拉，扭转并固定。

02 将后发区左侧的头发向右侧提拉，扭转并固定。

03 将顶区及后发区剩余的发尾合并在一起倒梳，增加饱满度。将倒梳好的头发表面梳理光滑。

04 将梳理好的头发向后发区位置打卷，使其隆起一定的高度后固定。

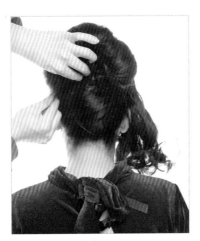

05 将左侧发区的头发向后发区位置扭转，收拢并固定。

06 将右侧发区的头发向后发区位置扭转，收拢并固定。

07 将刘海区的头发向右侧发区方向梳理干净。

08 将发尾扭转收拢后在后发区位置固定。

09 佩戴饰品，装饰造型。

华美绮丽新娘造型

01

造型重点解析：造型时注意发片的走向，重点是用发丝充分塑造刘海及两侧发区的纹理感。

01 将所有头发烫卷，将顶区的头发扭转，收拢后固定。

02 将刘海区的部分头发打卷，对额头位置进行修饰。

03 从右侧发区位置取头发，依次进行打卷。

04 从右侧发区靠后的位置取头发，向头顶位置提拉并固定。将右侧发区剩余的头发向上打卷并固定。

05 从后发区左侧取头发，向顶区位置提拉并进行两股辫编发，将左侧发区的头发编入发辫中。

06 将编好的头发适当抽出层次。

07 将抽好层次的头发在头顶右侧固定。

08 将后发区剩余的头发进行两股辫编发，将编好的头发向上提拉并在头顶位置固定。

09 佩戴饰品，装饰造型。

华美绮丽新娘造型

02

造型重点解析：打造此款造型时，要特别注意刘海区位置的湿推纹理效果，可以借用啫喱膏来辅助完成纹理感塑造，局部不好固定的位置可以用少量睫毛胶水加强固定。

01 将所有头发烫卷。保留刘海区的头发，将剩余的头发在头顶位置收拢并用皮筋扎成马尾。

02 从马尾中分出一片头发，打卷并固定。

03 将固定之后剩余的发尾继续打卷并固定。

04 以同样的方式继续从马尾中取头发打卷。

05 将打好卷的头发固定。

06 从马尾中继续分出一片头发，打卷并固定。

07 将剩余的头发打卷。

08 将打好卷的头发固定。

09 从刘海中分出部分头发，在右侧发区位置打卷并固定。

10 从剩余刘海区中分出一部分头发，调整出弧度后在面部固定。

11 将刘海区剩余的头发打卷并固定。

12 佩戴饰品，装饰造型。

华美绮丽新娘造型

 03

造型重点解析：此款造型中，较为夸张的复古头饰与面部的发丝纹理相互结合，增加了造型的华丽感。注意发丝纹理应对面部和额头起到修饰作用。

01 将所有头发烫卷。保留两侧刘海区的头发，将剩余的头发在后发区位置扎成马尾。

02 将马尾中的头发进行三股辫编发。

03 将编好的头发在后发区位置收拢并固定。

04 将右侧刘海区的大部分头发在后发区位置收拢并固定。

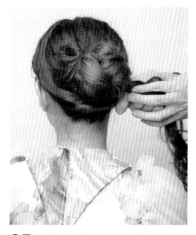

05 将左侧刘海区的大部分头发在后发区位置收拢并固定。

06 将右侧刘海区剩余的头发调整好弧度，在面颊处固定。

07 从左侧刘海区取头发，将其整理好弧度后固定。

08 继续在左侧刘海区位置取头发，在额头位置打卷并固定。

09 在头顶位置佩戴饰品，装饰造型。

10 在右侧发区位置佩戴饰品，装饰造型。

11 在后发区左右两侧佩戴饰品，装饰造型。

12 在后发区位置佩戴羽毛饰品，装饰造型。

华美绮丽新娘造型

04

造型重点解析：刘海区最后一缕发丝在额头及右侧发区位置产生的纹理感是这款造型的点睛之笔。精致的纹理不仅可以使造型更加富有层次，与饰品搭配还可以提升复古奢华感。

01 将所有头发烫卷。保留两侧发区的头发，将剩余的头发在后发区位置扎成马尾。

02 从马尾中分出一片头发，向上打卷并固定。

03 从马尾中继续分出一片头发，向上打卷并固定。

04 将马尾中剩余的头发向上打卷并固定。

05 将左侧发区的头发在后发区位置盘绕并固定。

06 用尖尾梳调整刘海区的头发的弧度并固定。

07 将固定好的头发的发尾打卷并固定。

08 将刘海区剩余的头发在右侧发区位置调整出弧度并固定。

09 将剩余的发尾在后发区位置扭转并固定，将固定后剩余的发尾在后发区位置打卷并固定。

10 调整刘海区最后一缕发丝的弧度。

11 将发丝向右固定，将发尾在右侧发区位置打卷并固定。

12 佩戴饰品，装饰造型。

华美绮丽新娘造型

05

造型重点解析：这款造型中，复古手推波纹与湿推的造型纹理相互结合，整体的复古感得到提升。顶区的发包可以提升造型高度，同时可以作为饰品的佩戴基础。羽毛与金色饰品结合，使造型更显奢华。

01 将所有头发烫卷，保留刘海区的头发，将剩余的头发在后发区位置扎成马尾。

02 将马尾中的头发向前推并用发卡固定。

03 将头发向上提拉并倒梳。

04 用尖尾梳将头发表面梳理光滑干净。

05 将头发向后打卷并固定。

06 将右侧刘海区的头发向后推并固定。

07 将发尾向前打卷并固定。

08 将左侧刘海区保留的发丝调整好弧度并固定。

09 将左侧刘海区的头发向后推并固定。

10 用尖尾梳调整固定后剩余发尾的弧度并固定。

11 将右侧刘海区保留的发丝调整好弧度并固定。

12 佩戴饰品，装饰造型。

造型重点解析：此款造型呈现了一种复古而唯美的感觉。用蝴蝶和彩纱相互结合，可以塑造华丽的奢华感。

01 将所有头发烫卷。在右侧眼尾后方粘贴蝴蝶饰品，进行装饰。

02 将后发区的头发进行三股辫编发，向上收拢并固定。

03 将右侧发区的头发向上提拉，扭转并固定。

04 将部分刘海区的头发收拢后在头顶位置固定。

05 将左侧发区的头发收拢后在额角处固定。

06 将右侧发区的头发向上收拢并固定。

07 取部分刘海区的头发，向上收拢并固定。

08 将固定后剩余的发尾打卷，之后继续固定。

09 继续取刘海区的头发，向上收拢并固定。

10 将刘海区剩余的头发向前打卷并固定。

11 将剩余的发尾继续向上打卷并固定。

12 佩戴头纱及蝴蝶饰品，装饰造型。

华美绮丽新娘造型

07

造型重点解析：这款造型采用分片向头顶位置打卷的方式，分区简单易于操作。将保留的少量发丝烫卷，可以与饰品更好地结合。整体造型呈现奢华唯美的感觉。

01 将后发区的头发烫卷。在头顶至两耳上方的位置用发卡固定头发。

02 从顶区位置取头发，向前打卷并固定。

03 继续在头顶位置取头发，向前打卷并固定。

04 在后发区右侧取头发，向上提拉并打卷。

05 在后发区左侧取头发，向上提拉并打卷。

06 将后发区剩余的头发向上提拉并打卷。

07 将剩余发丝用电卷棒烫卷。

08 将烫好的头发固定。

09 在头顶位置和右侧佩戴花朵饰品，装饰造型。

华美绮丽新娘造型

08

造型重点解析：打造此款造型时，要注意后发区的轮廓，饱满的轮廓可以使造型与夸张奢华的饰品之间的搭配更加协调。

01 将所有头发烫卷，将顶区及部分后发区的头发向上提拉并扭转。

02 将扭转好的头发收拢并固定。

03 在头顶位置佩戴饰品。

04 将右侧发区的头发向上提拉，打卷并固定。

05 在后发区下方取头发，向上提拉，打卷并固定。

06 将后发区剩余的头发向上提拉，打卷并固定。

07 将剩余的发尾打卷并固定。

08 将刘海区的头发向前推出弧度并固定。

09 将剩余的发尾在右侧发区位置打卷。

10 将打好卷的头发固定。

11 在左侧发区位置佩戴流苏饰品，装饰造型。

12 在右侧发区位置佩戴流苏饰品，装饰造型。

华美绮丽新娘造型

09

造型重点解析：这是一款自然的披发造型，唯美华丽的饰品与妆容相呼应，体现出奢华而又唯美的复古感。

01 用尖尾梳将所有头发向后发区位置收拢。

02 将梳理好的头发在后发区位置用发卡固定。

03 将头发用电卷棒烫卷。

04 用气垫梳将烫好的头发梳理通顺。

05 用尖尾梳倒梳，以增加发量，同时调整发丝层次。

06 在额头上方佩戴蕾丝饰品，装饰造型。

07 在后发区两侧佩戴花朵饰品，装饰造型。

08 在后发区位置佩戴花朵饰品，装饰造型。

华美绮丽新娘造型
⑩

造型重点解析：在处理此款造型的时候，注意两侧的发丝要呈现灵动感，额头位置的发丝纹理要流畅，这是体现造型唯美感的关键。

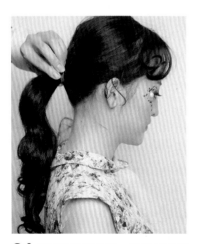

01 将所有头发烫卷。留出刘海区及部分左侧发区的头发，在后发区位置将其余头发扎成马尾。

02 将马尾中的头发进行两股辫编发。

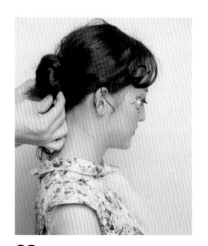

03 将编好的头发在后发区位置收拢并固定。

04 将左侧发区剩余的头发及刘海区的头发向右侧固定。

05 在头顶位置佩戴造型帽子。

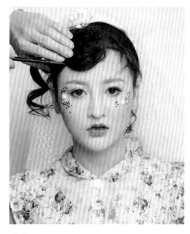

06 将刘海区的头发用尖尾梳调整出弧度后固定。

07 继续从刘海区分出一片头发，调整好弧度后固定。

08 继续从刘海区分出一片头发，调整好弧度后固定。

09 将发尾在额头右侧打卷并固定。

10 将剩余的发尾在右侧额角位置打卷并固定。

11 佩戴饰品，装饰造型。

12 用剩余发丝修饰造型。

造型重点解析：此款造型通过金色刺绣头纱和金色皇冠体现高贵华丽的感觉。在处理造型的时候，注意两侧发区要有足够的饱满度，这样才可以衬托奢华的饰品。

01 将所有头发烫卷。在头顶位置取头发，向后发区方向进行三股两边带编发。

02 编好之后将发尾进行扭转，向上提拉并固定。

03 从右侧发区位置取头发，进行三股辫编发，将编好的头发适当抽出层次。

04 将抽好层次的头发向上提拉。

05 将头发在后发区左侧固定。

06 将左侧发区位置的头发进行三股辫编发，将编好的头发适当抽出层次。

07 将抽好层次的头发向右侧发区提拉并固定。

08 将左侧发区的一部分头发收拢并固定。

09 将右侧发区的一部分头发收拢并固定。

10 将左侧刘海区的头发向下打卷并固定。

11 将右侧刘海区的头发向下打卷并固定。

12 在头顶位置固定头纱，并佩戴金色皇冠。

华美绮丽新娘造型

12

造型重点解析：处理此款造型时，注意刘海区发丝的摆放位置，发丝应饱满而具有空气感，使造型与饰品的结合更加自然。

01 将所有头发烫卷，将后发区左侧的头发向下打卷并固定。

02 将后发区右侧的头发向下打卷并固定。

03 佩戴珍珠饰品，装饰造型。

04 在左右两侧佩戴珠花饰品，装饰造型。

05 调整左侧发区剩余发丝的层次，对饰品进行适当修饰。

06 调整刘海区的头发层次。

07 继续抽拉刘海区的发丝，对额头位置进行适当修饰。

08 调整右侧发区剩余发丝的层次。

09 用发丝对饰品进行适当修饰并喷胶定型。

华美绮丽新娘造型

13

造型重点解析：在处理刘海区的发丝纹理时，注意用少量啫喱膏即可，不要使用过量。

01 将所有头发烫卷。在左侧刘海区取一缕发丝，用螺旋扫配合啫喱膏将其刷出弧度。

02 向下将剩余发丝刷出弧度。

03 从右侧刘海区取一缕发丝，适当刷出弧度。

04 在头顶位置取适量发丝，对其进行喷胶定型。

05 将后发区的头发扎成马尾。

06 适当抽拉头顶位置的发丝，使造型更加饱满。

07 将马尾中的头发向上收拢。

08 将收拢好的头发用发卡固定。

09 在头顶位置佩戴皇冠饰品，装饰造型。

华美绮丽新娘造型

14

造型重点解析: 处理此款造型时, 注意两侧及后发区位置的饱满度, 这样在佩戴帽子之后整体效果更加协调。

01 将所有头发烫卷, 将后发区位置的一部分头发向上打卷并固定。

02 继续固定后发区的头发。

03 整理后发区的头发轮廓并将其固定。

04 调整后发区侧面的轮廓，使弧度更加自然。

05 调整刘海区位置的碎发弧度并在额头位置用啫喱膏辅助固定，将右侧发区的头发整理出弧度。

06 将头发在右侧耳后位置固定。

07 固定之后调整造型轮廓，使其更加饱满。

08 将左侧发区的头发整理出弧度。

09 将发尾向上打卷并固定。

10 佩戴帽子，装饰造型。

11 佩戴花朵饰品，装饰造型。

华美绮丽新娘造型

造型重点解析：在真发发量不够的情况下，可以用假发塑造顶区的发包，注意要选择与真发发色一致的假发。

01 将所有头发烫卷。在后发区底部保留一些发丝，将后发区剩余的头发和顶区的头发在头顶位置扎成马尾。

02 在头顶位置固定假发片。

03 将假发片套上发网之后向上打卷并固定，使其形成发髻的效果。

04 将后发区位置保留的发丝向上收拢并固定。

05 将右侧发区的头发向上收拢并固定。

06 将左侧发区的头发向上收拢并固定。

07 调整左侧发区的发丝层次并喷胶定型。

08 调整右侧发区的发丝层次并喷胶定型。

09 调整刘海区的发丝层次。

10 调整顶区的发丝层次。

11 佩戴饰品，装饰造型。

华美绮丽新娘造型

16

造型重点解析：梳理刘海区的发
丝时，可以用梳子蘸取适量啫喱
膏来操作，这样更有利于梳理出
弧度和定型。

01 将所有头发烫卷，用手适当抽拉头发，使层次更加丰富。

02 将头发在后发区位置固定。

03 用尖尾梳将刘海区的发丝向左右两侧梳理出纹理，可以用啫喱膏辅助定型。

04 调整顶区位置的发丝层次并喷胶定型。

05 调整左右两侧发区位置的发丝层次并喷胶定型。

06 佩戴饰品，装饰造型。

华美绮丽新娘造型

17

造型重点解析：注意刘海区的头发弧度，保留发尾的发丝纹理，刘海区的头发有层次感的人更适合打造这款复古且唯美的造型。

01 将所有头发烫卷，将顶区及部分后发区的头发扎成马尾。

02 将马尾中的头发打卷并固定，固定之后将发尾收拢，扭转并固定。

03 将左侧发区的头发推出弧度。

04 推好弧度后喷胶定型并固定。

05 将左侧发区的头发推出弧度。

06 推好弧度后喷胶定型并固定。

07 将右侧发区和后发区右侧的头发进行两股辫编发并抽出层次。

08 将抽好层次的头发在后发区位置固定。

09 将左侧发区及后发区左侧的头发进行两股辫编发并抽出层次。

10 将抽好层次的头发在后发区位置固定。

11 佩戴饰品，装饰造型。

12 继续佩戴饰品，装饰造型。

华美绮丽新娘造型

18

造型重点解析：处理此款造型时，注意两侧发区位置的发丝要有自然的层次感，用发丝对面部适当遮挡，使整体造型更加妩媚。

01 用电卷棒将所有头发烫卷，然后将顶区位置的头发调整好层次并固定。

02 将发尾扭转收紧并固定。

03 将左侧发区的头发调整好层次并固定。

04 将刘海区及右侧发区的头发调整好层次并固定。

华美绮丽新娘造型

⑲

造型重点解析: 处理此款造型时, 注意用两侧刘海区的发丝适当对脸形进行修饰。发丝与头纱结合, 可以使整体效果更加柔和。

01 保留刘海区的头发, 将后发区的头发收拢, 将左右两侧发区的头发分别进行两股辫编发, 与后发区的头发固定在一起。

02 将左侧刘海区的头发用尖尾梳适当调整出层次并喷胶定型。

03 将右侧刘海区的头发用尖尾梳适当调整出层次并喷胶定型。

04 在头顶位置用发卡固定头纱及花朵饰品, 装饰造型。

花意缤纷新娘造型

01

造型重点解析：在造型的处理上，注意后发区两侧剩余的发丝纹理，烫卷可使其更加灵动，这样才能与花朵饰品和头纱更好地搭配在一起。

01 将所有头发烫卷，将刘海区的头发向下打卷并固定。

02 将左侧发区的头发在刘海区左侧位置固定。

03 将右侧发区的头发在刘海区右侧位置固定。

04 将后发区右侧的头发进行两股辫编发并抽出层次。

05 将抽好层次的头发向上提拉并固定。

06 将后发区左侧的头发进行两股辫编发并抽出层次。

07 将抽好层次的头发向上提拉并固定。

08 用尖尾梳调整剩余发丝。

09 佩戴饰品，装饰造型。

花意缤纷新娘造型

02

造型重点解析：此款造型比较简约，主要通过花朵展现造型风格。花朵的佩戴不要呈直线形，否则会显得非常生硬、不柔美。

01 将所有头发烫卷，将后发区左侧的头发向后发区右侧扭转并固定。

02 将刘海区的头发向右固定。

03 将固定后剩余的头发在右侧发区位置推出弧度。

04 将发尾与右侧发区及部分后发区的头发合并在一起，在右侧发区位置向上翻卷。

05 将翻卷的头发收拢并固定牢固。

06 将剩余的头发在后发区右侧打卷，收拢并固定。

07 在右侧额角位置佩戴鲜花，装饰造型。

08 继续佩戴鲜花，装饰造型。

花意缤纷新娘造型

造型重点解析：处理此款造型的时候，注意两侧发丝要灵动，这样与小碎花及服装的搭配会更协调，整体呈现唯美的感觉。

01 将所有头发烫卷。将顶区位置的头发向上提拉，向前打卷并固定。

02 将左侧发区的头发向前提拉，进行三股两边带编发。

03 将刘海区及右侧发区的头发编入其中。

04 将编好的头发适当抽出层次。

05 将抽好层次的头发在右侧发区位置扭转并固定。

06 将后发区剩余的头发进行两股辫续发编发。

07 将编好的头发适当抽出层次。

08 将其他位置的头发也适当抽出层次。

09 佩戴鲜花，装饰造型。

10 继续佩戴鲜花，点缀造型。

11 调整左侧发区的发丝层次。

12 调整右侧发区的发丝层次。

花意缤纷新娘造型

 04

造型重点解析：此款造型中，刘海区的纹理是用从左侧发区借过来的头发塑造的。如果用刘海区的头发达不到想要的效果，可以通过借发的方式来解决。

01 将所有头发烫卷，从刘海区位置经过头顶向后发区方向编发。

02 用三股两边带的手法将后发区的头发编入其中并抽出层次。

03 将抽好层次的头发向上提拉并在头顶位置固定。

04 在右侧发区位置取头发，进行两股辫编发并适当抽出层次。

05 将抽好层次的头发向左侧发区方向提拉并固定。

06 从左侧发区位置取头发，进行两股辫编发并适当抽出层次。

07 将抽好层次的头发向右侧发区方向提拉并固定。

08 将后发区右侧的头发进行两股辫编发并抽出层次，向后发区左侧固定。

09 将右侧发区剩余的头发向上提拉，扭转并固定。

10 将发丝表面适当抽出层次。

11 将左侧发区位置剩余的头发向头顶位置提拉并固定。

12 在右侧佩戴花朵饰品，装饰造型。

花意缤纷新娘造型

05

造型重点解析：在此款造型的打造中，采用了用发网快速收拢并固定头发的方法。另外要注意额头位置凌乱的发丝，这些发丝是花朵与造型结合的关键，可以用少量发蜡辅助塑造发丝纹理。

01 将所有头发烫卷，在刘海区保留一些发丝，将剩余的头发在后发区位置收拢并固定。

02 将收拢的头发用发网套住。

03 将套住的头发向上打卷。

04 将打好卷的头发用发卡固定。

05 用尖尾梳调整左侧发区的发丝层次。

06 用尖尾梳调整刘海区及右侧发区的发丝层次。

07 佩戴鲜花，装饰造型。

08 佩戴金色蝴蝶饰品和叶子饰品，装饰造型。

09 佩戴永生花，点缀造型。

花意缤纷新娘造型

06

造型重点解析：模特本身发量稀少，而在这款造型中，通过假发的使用增加发量，并且对假发进行编发并抽出层次，使其与真发更好地结合。

01 将所有头发烫卷，在头顶位置固定假发片，向左右两侧分开。

02 将左侧的假发片进行三股辫编发。

03 将编好的头发适当抽出层次，使其更加饱满。

04 将抽好层次的头发在后发区左侧固定。

05 将右侧的假发片进行三股辫编发。

06 将编好的头发适当抽出层次，使其更加饱满。

07 将抽好层次的头发在后发区右侧固定。

08 将后发区左侧的头发向上打卷并固定。

09 将后发区中间位置的头发向上打卷并固定。

10 将后发区右侧的头发向上打卷并固定。

11 调整发丝层次。

12 在头顶位置佩戴花朵饰品，装饰造型。

花意缤纷新娘造型

造型重点解析：这款造型在帽子的基础之上搭配花朵，呈现出不一样的表现形式。不同的饰品之间可以通过重新搭配得到别样的效果。

01 将所有头发烫卷，将右侧发区的头发向后扭转并固定。

02 将左侧发区的头发向后扭转并固定。

03 将左侧刘海区的头发推出弧度并固定。

04 继续将剩余的头发在左侧发区位置推出弧度。

05 将右侧刘海区的头发用尖尾梳推出弧度并固定。

06 将剩余的发尾在右侧发区位置继续推出弧度并固定。

07 将后发区右侧的头发用皮筋扎成马尾。

08 将后发区左侧的头发用皮筋扎成马尾。

09 将后发区两个马尾中的头发分别进行三股辫编发。

10 将后发区左侧的发辫向上打卷并固定。

11 将后发区右侧的发辫向上打卷并固定。

12 佩戴饰品，装饰造型。

花意缤纷新娘造型

08

造型重点解析：此款造型呈现简约俏皮的感觉，所搭配的花朵小巧精致，不适合搭配太大的花朵。发丝要有一些层次感，这样可以与花朵更好地结合。

01 将所有头发烫卷。将顶区、左右两侧发区及后发区的头发在后发区用发卡固定。

02 将后发区右侧的头发向上打卷并固定。

03 将后发区中间的头发向上打卷并固定。

04 从后发区左侧取一缕头发，向上打卷。

05 固定之后将剩余的发尾继续向上打卷。

06 将打好的卷固定。

07 将后发区左侧剩余的头发向上打卷并固定。

08 从刘海区取头发，向左侧发区进行两股辫编发并抽出层次。

09 将头发在后发区左侧固定。

10 调整刘海区发丝的层次并喷胶定型。

11 将刘海区剩余的头发进行两股辫编发，抽出层次后固定。

12 佩戴蕾丝发带及花朵饰品，装饰造型。

花意缤纷新娘造型

09

造型重点解析：此款造型的重点是面纱与花朵之间的结合，面纱呈现神秘的感觉，而花朵选择造型特别的结香花，两者之间相互结合，呈现神秘而又时尚的美感。

01 将所有头发烫卷。从顶区位置取头发，进行两股辫编发。

02 将编好的头发向上扭转，收拢并固定。

03 从后发区右侧取头发，进行两股辫编发。

04 将编好的头发适当抽出层次。

05 将抽好层次的头发向上提拉，收拢并固定。

06 将后发区剩余的头发进行两股辫编发。

07 将编好的头发向上收拢，在头顶位置固定。

08 调整两侧发区的头发层次。

09 用尖尾梳调整刘海区的头发层次。

10 在面部佩戴黑色网纱。

11 在两侧发区位置佩戴鲜花，装饰造型。

12 在头顶位置佩戴鲜花，装饰造型。

花意缤纷新娘造型

❿

造型重点解析：此款造型中，用
网纱和花朵装饰卷曲的披发造型，
注意额头位置自然的发丝，花朵
与顶区的发丝应自然结合。整体
造型柔美温和。

01 将所有头发烫卷，在头顶位置
取头发，进行两股辫编发。

02 将编好的头发适当抽出层次。

03 将发尾在后发区位置固定。

04 将右侧发区的头发进行两股辫编发。

05 将编好的头发适当抽出层次。

06 将抽好层次的头发在后发区位置固定。

07 将左侧发区的头发进行三股辫编发。

08 将编好的头发适当抽出层次。

09 将抽好层次的头发在后发区位置固定。

10 调整发丝，对额头位置进行适当修饰。

11 在头顶位置固定黑色网纱，抓出褶皱层次后固定。

12 佩戴花朵饰品，装饰造型。

花意缤纷新娘造型

11

造型重点解析：此款造型的操作过程并不简单，但是最后呈现出较为简洁的效果。造型的重点是刘海区的烫卷发丝纹理，波纹的处理对造型最终效果起到了重要的作用。

01 将所有头发烫卷，将后发区位置的头发用发卡横向固定。

02 将固定后剩余的发尾向上收拢，打卷并固定。

03 从顶区位置取头发，在后发区位置推出弧度并固定。

04 将左侧发区的部分头发在后发区中间位置上方固定。

05 将右侧发区的头发向后发区位置梳理并固定。

06 保留部分发丝，将刘海区剩余的头发用尖尾梳推出弧度。

07 继续将刘海区的头发推出弧度后固定。

08 将剩余的发尾在右侧发区位置推出弧度。

09 将发尾在后发区右下方固定。

10 将刘海区保留的发丝用电卷棒烫卷，调整好位置并固定。

11 在后发区右侧佩戴饰品，装饰造型。

花意缤纷新娘造型

12

造型重点解析：处理此款造型时，注意适当保留发丝层次，对额头位置进行修饰，使造型整体效果更加自然。

01 将所有头发烫卷，将后发区的头发向上提拉，收拢并固定。

02 将固定之后剩余的发尾收拢并固定。

03 将左侧发区的头发适当调整出层次，向头顶位置收拢并固定。

04 将右侧发区的头发适当调整出层次，向头顶位置收拢并固定。

05 佩戴饰品，装饰造型。

06 用电卷棒将刘海区的头发烫卷。

07 用尖尾梳将头发调整出层次。

08 对刘海区的头发进行喷胶定型并调整层次。

09 继续佩戴饰品，装饰造型。

花意缤纷新娘造型

13

造型重点解析：处理此款造型时，注意造型两侧的饱满度和层次感，另外注意刘海区的发丝对额头的修饰。

01 将所有头发用13号电卷棒烫卷。

02 将刘海区的头发向上烫卷。

03 将顶区的头发适当抽出层次。

04 将发尾收拢。

05 将收拢的头发向上扭转并固定。

06 将后发区的头发分成两份，左右交叉后固定。

07 将左侧发区的头发适当向后提拉并固定，右侧发区以同样的方式操作。

08 佩戴饰品，装饰造型。

09 继续佩戴饰品，装饰造型。

花意缤纷新娘造型

14

造型重点解析：此款造型用小碎发修饰额头，增加了造型的柔美感和灵动感。

01 将所有头发烫卷，将顶区位置的发丝适当抽出层次，使造型更加饱满。

02 将右侧发区的头发在后发区位置向上收拢并固定。

03 将刘海区的头发进行两股扭转并抽出饱满的层次。

04 继续将头发抽出层次，使其纹理更加饱满。

05 在左侧发区取一些发丝，在额头位置整理出弧度。

06 将左侧发区的头发抽出层次。

07 将抽好层次的头发向后发区方向整理出纹理并固定。

08 将后发区左侧的头发向上收拢并固定。

09 将后发区剩余的头发进行两股辫编发并抽出层次。

10 将抽好层次的头发向后发区右上方收拢并固定。

11 佩戴饰品，装饰造型。

花意缤纷新娘造型

15

造型重点解析：将后发区马尾中的头发用发网套住可以使头发更容易打卷，并且可以使头发表面光滑干净。

01 将所有头发烫卷，将后发区的头发用皮筋扎成马尾。

02 将马尾中的头发分片用发网套住并固定。

03 继续用发网套住头发并固定。

04 将发网中的头发依次向上打卷并固定。

05 将顶区的头发扭转出弧度，在后发区位置固定。

06 将右侧发区位置的头发整理出弧度并固定。

07 将剩余的头发在后发区左侧位置固定。

08 将刘海区的头发整理出弧度。

09 继续将头发推出弧度并固定。

10 将剩余的发尾在后发区右侧位置固定。

11 佩戴花朵饰品，装饰造型。

12 继续佩戴花朵饰品，装饰造型。

花意缤纷新娘造型

16

造型重点解析：佩戴好饰品后，注意用发丝对饰品进行适当修饰，使两者的结合更加自然。

01 将所有头发烫卷，将后发区的头发向上收拢。

02 将收拢好的头发固定。

03 将顶区位置的头发进行倒梳，梳光表面后收拢，塑造饱满的发包效果。

04 将大部分刘海区的头发调整出层次并固定。

05 调整剩余刘海区及两侧发区的发丝层次。

06 佩戴饰品，装饰造型。

花意缤纷新娘造型

造型重点解析：注意让发丝呈现自然随意的卷曲感，这样和饰品的结合会更有意境。

01 用电卷棒将头发所有烫卷。

02 将顶区的头发抽出层次，使顶区的轮廓更加饱满。

03 将顶区的头发在后发区位置适当扭转后固定。

04 从头顶右侧取头发，进行两股辫编发。

05 将编好的头发抽出层次后在后发区位置固定。

06 在头顶位置取头发，进行两股辫编发。

07 将编好的头发抽出层次后在后发区位置固定。

08 将刘海区及两侧发区剩余的头发用电卷棒烫卷，增加层次感。

09 在左侧佩戴花朵饰品，装饰造型。

10 在后发区位置佩戴花朵饰品，装饰造型。

11 在头顶右侧佩戴花朵饰品，装饰造型。

12 在后发区位置佩戴花朵饰品，装饰造型，使其呈现花环的感觉。

花意缤纷新娘造型

18

造型重点解析：用发丝修饰花朵饰品，使整体造型具有更强的立体感和灵动感。

01 将所有头发烫卷。保留刘海区及两侧发区的部分发丝，将剩余的头发在后发区位置扎成马尾，并适当抽出层次。

02 调整好造型轮廓的饱满度。

03 将马尾中的头发从皮筋中半掏出来。

04 将头发收拢，用发卡固定。

05 佩戴头纱，装饰造型。

06 在左侧佩戴花朵饰品，装饰造型。

07 在右侧佩戴花朵饰品，装饰造型。

08 在后发区位置佩戴花朵饰品，装饰造型。

09 调整左侧发区的发丝，适当对花朵饰品进行修饰。

10 将刘海区的发丝向下打卷并固定，使造型结构更加饱满。

11 调整右侧发区的发丝，适当对花朵饰品进行修饰。

花意缤纷新娘造型

19

造型重点解析：注意对两侧发区和后发区位置散落的发丝进行喷胶定型，使造型更加生动。

01 将所有头发烫卷，将顶区位置及部分后发区位置的头发向上收拢。

02 将收拢好的头发扭转并固定。

03 固定之后将剩余发丝调整好层次并喷胶定型。

04 将右侧发区的头发进行两股辫编发。

05 将编好的头发向后发区左上方提拉并固定。

06 将后发区剩余的头发分别进行两股辫编发，向不同的方向提拉并固定。

07 将编好的头发固定牢固。

08 将左侧发区的头发进行两股辫编发，向后发区右上方提拉并固定。

09 将后发区位置散落的发丝进行喷胶，使其更具有层次感。

10 将两侧发区散落的发丝进行喷胶，使其更具有层次感。

11 在面部粘贴干花，进行装饰。

花意缤纷新娘造型

20

造型重点解析：注意发丝层次对花朵饰品的修饰，使整体造型呈现唯美的感觉。

01 将所有头发烫卷。将顶区及部分后发区位置的头发向上提拉并收拢。

02 将收拢好的头发固定。

03 调整后发区位置剩余头发的层次。

04 将后发区右侧的头发向上收拢并固定。

05 将后发区左侧的头发向上收拢并固定。

06 调整刘海区位置的发丝层次。

07 调整顶区及左侧发区位置的发丝层次。

08 佩戴花朵饰品，装饰造型。

中式古典新娘造型

01

造型重点解析: 处理此款造型时, 要注意刘海区发辫盘绕形成的轮廓, 饰品的佩戴可以使造型呈现更加古典的感觉。

01 将所有头发烫卷, 将刘海区的头发向右进行三股辫编发。

02 从顶区位置取头发, 进行三股辫编发。

03 将两条辫子在刘海区位置盘绕并固定。

04 从右侧发区上方取头发，进行三股辫编发，从额头位置向左上方盘绕并固定。

05 从左侧发区位置取头发，向上提拉，扭转并固定。

06 从右侧发区位置取头发，向上提拉，扭转并固定。

07 将顶区位置的头发进行三股辫编发，将编好的头发向上盘绕，打卷并固定。

08 将后发区下方的头发进行三股辫编发，将编好的头发向上打卷并固定。

09 在后发区左右两侧分别固定假发包。

10 将后发区左侧的头发进行两股辫编发，将编好的头发在假发包前方固定。

11 将后发区右侧的头发进行两股辫编发，将编好的头发在假发包前方固定。

12 佩戴饰品，装饰造型。

中式古典新娘造型

02

造型重点解析：此款秀禾服造型采用打卷和手推波纹的手法，塑造出一种大气婉约的古典美。处理此款造型时，注意后发区发卷与发卷之间的结合，要塑造出后发区整体的饱满轮廓。

01 将所有头发烫卷，将后发区的头发用皮筋扎成马尾。

02 将右侧发区的头发进行两股辫编发并在后发区位置固定。

03 将左侧发区的头发进行两股辫编发并在后发区位置固定。

04 在头顶位置固定牛角假发，作为支撑。

05 将顶区的头发覆盖在牛角假发上，然后在后发区位置收拢并固定。

06 将剩余的发尾在后发区位置打卷并固定。

07 梳理刘海区的头发并用尖尾梳将其推出弧度。

08 用尖尾梳继续将头发推出弧度，使其呈现起伏感。

09 用尖尾梳在右侧发区位置将头发推出弧度。

10 将发尾在后发区位置固定。

11 在后发区位置佩戴饰品，装饰造型。

12 在两侧佩戴流苏发钗，装饰造型。

中式古典新娘造型

03

造型重点解析：此款造型中，刘海做卷曲处理，在古典造型中融入了现代造型的手法，使造型更加具有个性。

01 将所有头发烫卷。从顶区位置取头发，向后发区方向打卷并固定。

02 在后发区位置取头发，向左侧发区位置固定。

03 从后发区位置取头发，向右侧发区位置固定。

04 将左侧发区的头发进行两股辫编发，将编好的头发向右侧固定。

05 将右侧发区的头发进行两股辫编发，将编好的头发向左侧固定。

06 将从后发区向左侧发区固定过来的头发在头顶位置打卷并固定。

07 将剩余的发尾在头顶位置打卷并固定。

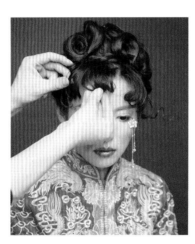

08 整理刘海区的发丝层次。

09 用电卷棒对刘海区的发丝进行烫卷。

10 将后发区位置的头发扎成马尾固定。

11 将马尾中的头发向上提拉，打卷并固定。

12 佩戴饰品，装饰造型。

中式古典新娘造型

04

造型重点解析：处理此款造型时，注意顶区位置的轮廓应饱满立体，这样才能与华丽的饰品搭配得更加协调。

01 将所有头发烫卷。在头顶位置取头发，收拢并固定成一个小发包。

02 在小发包上固定牛角假发。

03 将顶区的头发向上提拉并进行倒梳，然后将表面梳理光滑。将梳理好的头发在后发区位置扭转并固定。

04 将后发区剩余的头发进行三股辫编发。

05 将编好的头发向上盘绕，打卷并固定。

06 在左侧发区位置固定小牛角发包，将左侧发区的真发包裹在牛角发包上固定。

07 在右侧发区位置固定小牛角发包，将右侧发区的真发包裹在牛角发包上固定。

08 将左侧发区的头发向上扭转，打卷并固定。

09 将右侧发区的头发向上扭转，打卷并固定。

10 在后发区左右两侧分别固定假发，装饰造型。

11 在中分位置固定假刘海，装饰造型。

12 佩戴饰品，装饰造型。

中式古典新娘造型

05

造型重点解析：处理此款造型时，假发支撑有助于对造型轮廓饱满度的塑造，同时要注意后发区位置的饱满度，这样才能与华丽的头冠饰品更好地搭配在一起。

01 将所有头发烫卷，将后发区的头发在顶区位置收拢并固定。

02 在顶区位置固定牛角假发。

03 将刘海及两侧发区的头发覆盖在假发包上，并梳理光滑。

04 在假发包后方将头发收拢并用发卡固定。

05 将固定之后剩余的发尾收拢并固定。

06 在后发区位置固定假发包。

07 将后发区的头发向上打卷，在假发包上固定。

08 将后发区剩余的头发裹在假发包上固定。

09 在头顶位置固定发冠。

10 在发冠上固定流苏饰品。

11 在额头正中位置佩戴饰品，装饰造型。

中式古典新娘造型

06

造型重点解析：刘海采用手推波纹的手法塑造，搭配华丽的饰品，使整体造型华美大气。处理此款造型时，注意两侧波纹中间的三角形区域要分得端正，否则造型会显得不协调。

01 将所有头发烫卷。将顶区及后发区位置的头发分片用皮筋固定，然后分别进行三股辫编发。

02 在头顶正中位置用尖尾梳分出一个三角形区域。

03 将分出的头发扭转后在头顶位置固定。

04 将左侧发区的头发提拉，扭转后在后发区位置固定。

05 用尖尾梳将左侧刘海区的头发推出弧度并固定。

06 继续将头发在左侧发区位置推出弧度，将剩余的发尾在后发区左侧固定。

07 将鬓角处的小发丝打卷并固定。

08 将右侧发区的头发扭转后在后发区位置固定。

09 将右侧刘海区的头发用尖尾梳推出弧度。

10 继续将头发在右侧发区位置推出弧度并固定，将鬓角处的小发丝打卷并固定。

11 将后发区的辫子在头顶位置打卷并固定。在后发区位置固定假发包，使后发区造型轮廓更加饱满。

12 佩戴饰品，装饰造型。

中式古典新娘造型

07

造型重点解析：在处理后发区位置的打卷时，注意后发区轮廓饱满度的塑造，最终应形成圆润饱满的发包。

01 将所有头发烫卷，将顶区及后发区的头发分别扎成马尾。

02 将顶区和后发区的马尾分别从下向上掏转，使其收紧。

03 将顶区的头发打卷并固定。

04 将顶区左侧的头发扎成马尾。

05 将扎好的头发在顶区位置打卷并固定。

06 将左侧发区的头发向后发区方向梳理干净。

07 将右侧发区的头发向后发区方向梳理干净。

08 将后发区的头发打卷并固定，两侧发区位置头发的发尾在后发区位置分别打卷并固定。

09 佩戴饰品，装饰造型。

中式古典新娘造型

08

造型重点解析：注意两侧发区的头发的弧度，要呈现优美的曲线，而不是直线。

01 将所有头发烫卷，从后发区位置扎成马尾。

02 将马尾中的头发从上向下掏转并套上发网。

03 将套好发网的头发向上打卷并在后发区位置固定。

04 将顶区的头发倒梳并用皮筋固定，使其隆起一定的高度后在后发区位置固定。

05 将左侧发区的头发整理好弧度，在后发区位置固定。

06 将右侧发区的头发整理好弧度，在后发区位置固定。

07 在后发区位置佩戴饰品，装饰造型。

08 在头顶和两侧佩戴饰品，装饰造型。

造型重点解析：大部分头发都在假发上打卷并固定，注意假发的固定要牢固。

01 将所有头发烫卷。在右侧刘海区取少量发丝，在右侧面部推出弧度并打卷。

02 在左侧刘海区取少量发丝，在左侧面颊处用发丝推出弧度并打卷。

03 在头顶位置固定牛角假发。

04 从顶区位置取一片头发，固定在牛角假发上。

05 继续从顶区位置分出头发，在头顶的假发上打卷并固定。

06 取头顶位置的头发，进行打卷并固定。

07 在后发区位置取头发，向上提拉，打卷并固定。

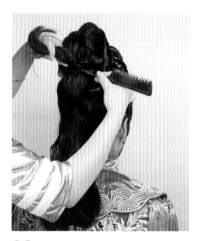

08 从后发区位置继续分片取头发，依次向头顶位置打卷并固定。

09 将后发区右侧的头发向左上方提拉，打卷并固定。

10 将后发区剩余的头发向上提拉并固定。

11 将固定之后剩余的头发进行打卷并固定。

12 佩戴饰品，装饰造型。

中式古典新娘造型

❿

造型重点解析：注意后发区位置和刘海区位置的弧度感，使整体造型呈现更加饱满的感觉。

01 将所有头发烫卷，将后发区及顶区的头发分别扎成马尾。

02 将顶区的头发打卷并固定。

03 从后发区位置取头发，在头顶位置摆出弧度并固定。

04 将左侧发区的头发适当扭转并固定，右侧发区以同样的方式操作。

05 将剩余的发尾在头顶位置打卷并固定。

06 将后发区的头发套上发网，向上打卷，摆出弧度并固定。

07 将后发区剩余的头发继续向上打卷，摆出弧度并固定。

08 将刘海区右侧的头发向上打卷并固定。

09 将刘海区右侧的头发向上打卷并固定。

10 将刘海区的头发固定后剩余的发尾向下摆出弧度并固定。

11 调整两侧剩余发丝的层次并喷胶定型。

12 佩戴饰品，装饰造型。

中式古典新娘造型

11

造型重点解析：为头发套上发网
后更方便做打卷造型，这样做出
的造型结构更加干净。

01 将顶区及部分后发区位置的头发扎成马尾。

02 将马尾中的头发从下向上掏转后收紧。

03 将后发区左侧的头发向右扭转并固定。

04 将后发区右侧的头发向左扭转并固定。

05 将后发区的头发分片套上发网，取一缕头发，向上打卷并固定。

06 继续将后发区的头发分片向上打卷并固定。

07 将后发区剩余的一缕头发打卷并固定。

08 在头顶位置佩戴饰品。

09 在后发区两侧佩戴发钗，装饰造型。

中式古典新娘造型

12

造型重点解析：注意后发区位置打卷的方向和立体感，用发卡固定时尽量将其隐藏。

01 将所有头发烫卷，将顶区位置的部分头发及后发区位置的头发扎成马尾。

02 从马尾中分出一片头发，打卷并固定。

03 继续从马尾中分出一片头发，打卷并固定。

04 将马尾中剩余的头发打卷并固定。

05 将头顶剩余的头发扭转，打卷并固定。

06 将剩余的发尾打卷并固定。

07 将左侧发区的头发扭转并固定，将剩余的发尾在后发区位置打卷。右侧发区以同样的方式操作。

08 将左侧刘海区的头发调整好弧度并固定。右侧发区以同样的方式操作。

09 在造型左右两侧佩戴饰品，装饰造型。

中式古典新娘造型

⑬

造型重点解析：处理此款造型时，注意顶区造型轮廓的大小，轮廓够大才方便佩戴饰品。

01 将顶区位置的头发扎成马尾。

02 将后发区的头发扎成马尾。

03 将两个马尾中的头发分别套上发网，将顶区马尾中的头发进行打卷并固定。

04 将后发区马尾中的头发向上打卷并固定，注意调整发卷的弧度。

05 将刘海区及两侧发区的分别头发向后梳理光滑并固定。

06 将固定之后剩余的发尾在后发区位置向上打卷并固定。

07 佩戴饰品，装饰造型。

08 继续佩戴饰品，装饰造型。

中式古典新娘造型

14

造型重点解析：注意后发区发卷的弧度，可以用 U 形卡辅助固定。

01 将顶区位置及后发区位置的头发分别扎成马尾。

02 将左侧发区的头发向后发区位置梳理光滑并固定。

03 将右侧发区的头发向后发区位置梳理光滑并固定。

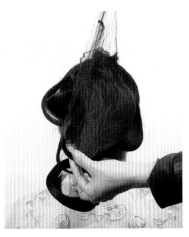

04 将马尾中的头发分别套上发网。

05 将套上发网的头发向头顶位置打卷并固定。

06 继续将套上发网的头发向上打卷并固定。

07 调整发卷的弧度，使其呈现更加柔美的感觉。

08 将调整好弧度的发卷固定。

09 将后发区套上发网的头发向上打卷并固定。

10 将鬓角处的小发丝喷胶定型。

11 佩戴饰品，装饰造型。

中式古典新娘造型

15

造型重点解析：因为要佩戴比较端正的饰品，所以此款造型是左右对称的，注意调整造型轮廓。

01 将后发区及顶区的头发扎成马尾。

02 将马尾中的头发从上向下掏转。

03 将马尾中的头发套上发网。

04 将发网中的头发在后发区位置打卷。

05 将左侧发区的头发向后发区位置收拢。

06 将头发整理出弧度并用波纹夹固定，喷胶定型，待发胶干透后取下波纹夹。

07 将右侧发区的头发向后发区方向收拢。

08 将头发推出弧度。

09 将推好弧度的头发用波纹夹固定并喷胶定型，待发胶干透后取下波纹夹。

10 将刘海区的头发烫卷，喷胶定型并对层次做调整。

11 佩戴饰品，装饰造型。

中式古典新娘造型

16

造型重点解析：注意头顶牛角假发的高度，过高的话不利于造型的打卷和固定。

01 在头顶位置固定一个牛角假发。

02 从顶区及左侧发区取头发，在牛角假发上打卷并固定。

03 从顶区位置继续取头发，在牛角假发上打卷并固定。

04 将右侧发区的头发向上提拉。

05 将头发在顶区位置固定。

06 将发尾继续打卷并固定。

07 将后发区右侧的头发向左侧固定，然后将发尾向上提拉，打卷并固定。后发区左侧的头发用同样的方式操作。

08 将后发区剩余的头发分成两束，左右交叉。

09 交叉固定后将发尾分别打卷并固定。

10 将左侧刘海区的发丝用尖尾梳梳理出层次感。

11 将右侧刘海区的发丝梳理出层次感，将发尾整理出小发卷并固定。

12 佩戴饰品，装饰造型。

中式古典新娘造型

17

造型重点解析：可以先为后发区位置的假发套好发网，然后对饱满度做调整，在细节位置用 U 形卡固定。

01 将顶区及后发区的头发扎成马尾。

02 用尖尾梳将左侧发区的头发向后发区位置梳理光滑并固定。

03 用尖尾梳将右侧发区的头发向后发区位置梳理光滑并固定。

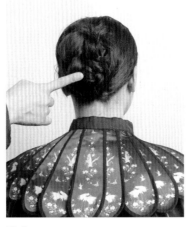

04 将发尾和马尾中的头发一起收拢并固定。

05 在头顶位置固定假发片，在靠近发尾的位置用网纱发带扎起来。

06 将网纱发带在头顶位置系在一起并固定。

07 将假发用发网套住，并将发网在顶区位置收口。

08 在头顶位置固定假发片。

09 将假发片打卷并固定。

10 调整发卷的轮廓并固定。

11 佩戴饰品，装饰造型。

中式古典新娘造型

18

造型重点解析：此款造型有一定的高度，并且造型结构简洁，饰品的佩戴使造型呈现大气高贵的感觉。头顶位置的打卷很重要，这样在佩戴饰品的时候不会显得过空。

01 将所有头发烫卷，将顶区的头发收拢并固定。

02 在头顶位置固定假发片。

03 从假发片中分出头发，向前打卷并固定。

04 继续将假发片向头顶位置打卷并固定。

05 将假发片中剩余的头发向前打卷并固定。

06 将左侧发区的头发分片向头顶位置提拉，扭转并固定。

07 将刘海区的头发向上扭转，然后在后发区位置固定。

08 将右侧发区的部分头发向上打卷并固定。

09 将右侧发区剩余的头发向上提拉，扭转并固定。

10 将后发区的头发分片向上提拉，扭转并固定。

11 佩戴饰品，装饰造型。

12 在两侧佩戴发钗，装饰造型。

中式古典新娘造型

19

造型重点解析：后发区位置使用的假发有利于饰品的固定，并且可以使造型轮廓更加饱满。

01 将所有头发烫卷，将后发区位置的头发用皮筋扎成马尾。

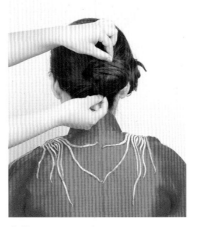

02 将马尾中的头发向上打卷并固定。

03 将固定好的头发表面处理光滑并加强固定。

04 将左侧刘海区的碎发用尖尾梳梳出弧度并用啫喱膏辅助固定。

05 取出右侧刘海区的头发。

06 将刘海区的头发推出弧度。

07 在后发区位置固定假发。

08 佩戴饰品，装饰造型。

09 佩戴流苏饰品，装饰造型。

中式古典新娘造型
⑳

造型重点解析：处理此款造型时，注意刘海区及两侧发区的头发要光滑伏贴。后发区的打卷要具有层次感和饱满度。

01 将所有头发烫卷。将刘海区及两侧发区的头发向后发区位置梳理得光滑伏贴。

02 将后发区左侧的头发向右侧横向提拉，扭转并固定。

03 将后发区剩余的头发分片打卷并固定。

04 在头顶位置固定金色发冠，装饰造型。